U0160109

"十三五"国家重点出版物出版规划项目

 转型时代的中国财经战略论丛 ◢

永久随机数法抽样技术的有关问题研究

栾文英 著

中国财经出版传媒集团

经济科学出版社
Economic Science Press

图书在版编目（CIP）数据

永久随机数法抽样技术的有关问题研究/栾文英著．
—北京：经济科学出版社，2020.1
（转型时代的中国财经战略论丛）
ISBN 978 – 7 – 5218 – 1230 – 5

Ⅰ.①永⋯ Ⅱ.①栾⋯ Ⅲ.①计数抽样 – 研究
Ⅳ.①O212.2

中国版本图书馆 CIP 数据核字（2020）第 021310 号

责任编辑：宋　涛
责任校对：隗立娜
责任印制：李　鹏

永久随机数法抽样技术的有关问题研究
栾文英　著

经济科学出版社出版、发行　新华书店经销
社址：北京市海淀区阜成路甲 28 号　邮编：100142
总编部电话：010 – 88191217　发行部电话：010 – 88191522
网址：www. esp. com. cn
电子邮件：esp@ esp. com. cn
天猫网店：经济科学出版社旗舰店
网址：http://jjkxcbs. tmall. com
北京季蜂印刷有限公司印装
710×1000　16 开　11.25 印张　180000 字
2020 年 3 月第 1 版　2020 年 3 月第 1 次印刷
ISBN 978 – 7 – 5218 – 1230 – 5　定价：45.00 元
（图书出现印装问题，本社负责调换。电话：010 – 88191510）
（版权所有　侵权必究　打击盗版　举报热线：010 – 88191661
QQ：2242791300　营销中心电话：010 – 88191537
电子邮箱：dbts@ esp. com. cn）

总　序

　　山东财经大学《转型时代的中国财经战略论丛》（以下简称《论丛》）系列学术专著是"'十三五'国家重点出版物出版规划项目"，是山东财经大学与经济科学出版社合作推出的系列学术专著。

　　山东财经大学是一所办学历史悠久、办学规模较大、办学特色鲜明，以经济学科和管理学科为主，兼有文学、法学、理学、工学、教育学、艺术学八大学科门类，在国内外具有较高声誉和知名度的财经类大学。学校于 2011 年 7 月 4 日由原山东经济学院和原山东财政学院合并组建而成，2012 年 6 月 9 日正式揭牌。2012 年 8 月 23 日，财政部、教育部、山东省人民政府在济南签署了共同建设山东财经大学的协议。2013 年 7 月，经国务院学位委员会批准，学校获得博士学位授予权。2013 年 12 月，学校入选山东省"省部共建人才培养特色名校立项建设单位"。

　　党的十九大以来，学校科研整体水平得到较大跃升，教师从事科学研究的能动性显著增强，科研体制机制改革更加深入。近三年来，全校共获批国家级项目 103 项，教育部及其他省部级课题 311 项。学校参与了国家级协同创新平台中国财政发展 2011 协同创新中心、中国会计发展 2011 协同创新中心，承担建设各类省部级以上平台 29 个。学校高度重视服务地方经济社会发展，立足山东、面向全国，主动对接"一带一路"、新旧动能转换、乡村振兴等国家及区域重大发展战略，建立和完善科研科技创新体系，通过政产学研用的创新合作，以政府、企业和区域经济发展需求为导向，采取多种形式，充分发挥专业学科和人才优势为政府和地方经济社会建设服务，每年签订横向委托项目 100 余项。学校的发展为教师从事科学研究提供了广阔的平台，创造了良好的学术生态。

习近平总书记在全国教育大会上的重要讲话，从党和国家事业发展全局的战略高度，对新时代教育工作进行了全面、系统、深入的阐述和部署，为我们的科研工作提供了根本遵循和行动指南。习近平总书记在庆祝改革开放 40 周年大会上的重要讲话，发出了新时代改革开放再出发的宣言书和动员令，更是对高校的发展提出了新的目标要求。在此背景下，《论丛》集中反映了我校学术前沿水平、体现相关领域高水准的创新成果，《论丛》的出版能够更好地服务我校一流学科建设，展现我校"特色名校工程"建设成效和进展。同时，《论丛》的出版也有助于鼓励我校广大教师潜心治学，扎实研究，充分发挥优秀成果和优秀人才的示范引领作用，推进学科体系、学术观点、科研方法创新，推动我校科学研究事业进一步繁荣发展。

伴随着中国经济改革和发展的进程，我们期待着山东财经大学有更多更好的学术成果问世。

山东财经大学校长

2018 年 12 月 28 日

前　言

永久随机数法抽样技术能方便地实现等概率抽样和与规模成比例的不等概率抽样等各种抽样，并且有很好的样本兼容的性质，因此当前在国际上得到广泛的应用。我国国家统计局的企业调查队和农业调查队也开始采用永久随机数法抽样技术。目前在国内系统研究该抽样技术的成果还比较少，本书对于该抽样技术在国内的后续研究有一定的参考价值。同时，笔者希望能够抛砖引玉，有更多的调查专家与笔者共同探讨永久随机数法抽样技术，促进其在国内的抽样调查领域发挥更大的作用。

1. 主要内容

本书对永久随机数法抽样技术的若干问题进行了相对深入的探讨，并试图采用该抽样技术解决我国抽样调查领域长期以来悬而未决的若干问题，希望能为这些问题的解决打开新的思路。本书的研究主要按照以下几个部分展开。

（1）永久随机数法抽样技术的基本抽样方法的研究。本书从永久随机数法抽样技术的基本原理出发，在国内首次系统讨论了永久随机数法抽样技术主要的和常用的抽样方法。按照由简单到复杂的顺序，本书首先讨论了等概率抽样方法，如贯序简单随机抽样、Bernoulli 抽样等；其次讨论了不等概率抽样方法，如 Poisson 抽样、贯序 Poisson 抽样、配置抽样等；最后本书讨论了当前最新的永久随机数抽样方法 PoMix 抽样，这是一种主要适用于调查单元呈偏态分布的总体的调查的抽样方法，兼有 Bernoulli 抽样和 Poisson 抽样的两种抽样方法的优势。在此基础上，按照样本量是否确定将这些抽样方法进行了重新分类和总结，这对于永久随机数法抽样技术其他问题的研究有重要意义。

（2）多目标调查方面的研究。多目标调查问题是近年来在国内抽样调查领域受到普遍关注的问题，一直没有找到被普遍认可的解决方法。永久随机数法抽样技术能较好地解决这一难题。本书首先对当前国内抽样调查领域对多目标调查问题研究现状进行简单的回顾；其次给出由美国农业部调查专家菲利普·科特（Phillip Kott，1997）等提出的在国内称之为 MPPS 抽样方法的基本原理，在此基础上对该抽样方法进行探讨，并提出对 MPPS 抽样改进的构想。

（3）多层次调查方面的研究。多层次调查问题也是近年来国内的调查专家普遍关注的一个问题，而多层次调查问题是同步调查问题的一个应用。对于许多大型的调查，经常要求在同一抽样框中抽取多个调查样本。如果为了节约调查成本，就需要使样本之间有较大的重叠率，而为了分散调查单元的回答负担，则要求样本之间有较小的样本重叠率，这就是同步调查。永久随机数法抽样技术能很好地解决同步调查的样本兼容问题。同步调查有两个分支：一是在相同的抽样框中抽取不同的样本，如多层次调查问题；二是样本轮换问题。本书从这两个方面进行了研究。首先是多层次调查问题。在多层次调查中，为了满足分级管理的需要，各级都要进行调查。而为了节约调查成本，各级样本尽可能兼容。虽然当前很多专家指出，永久随机数法抽样技术能实现样本兼容，具体如何实现，当前尚未发现这方面的文献。本书针对永久随机数法抽样技术中的多种抽样方法的具体特征，系统讨论了永久随机数法抽样技术在同步调查中控制样本兼容的基本原理，为永久随机数法抽样技术能有效地实现多层次调查提供了理论准备。虽然当前国内也有专家认为永久随机数法抽样技术能实现多层次调查的样本兼容，但是具体实现的程度尚无结论。本书进行了证明，只要上级的样本量小于下级样本量，上级的样本单元将全部落在下级样本中。

（4）样本轮换方面的研究。关于样本轮换的讨论主要有两个分支，即子样本轮换和永久随机数法样本轮换。子样本轮换的主要弱点是在调查之前首先要划分子样本，那么在抽样框的变动较大的情况下，传统的子样本轮换不能很好地在样本中体现抽样框的更新。而永久随机数法抽样技术实现样本轮换时，不需要将调查单元划分为子样本，调查单元以个体的形式存在于抽样框中，因此轮换后的样本能很好地体现抽样框的更新。本书在讨论永久随机数法抽样技术样本兼容性质的基础上，讨论

了多种永久随机数法抽样技术的样本轮换方法，并通过迭代给出了
Poisson 抽样等抽样方法的抽样区间的计算公式，从而使样本轮换工作
更具可操作性。本书在研究各种抽样方法的样本轮换时发现，贯序
Poisson 抽样虽然将 Poisson 抽样的样本量固定下来，但是贯序 Poisson 抽
样在连续调查中实现样本轮换时有很多的局限性，贯序 Poisson 抽样只
能抽取排序变量最小的单元构成样本。因此得到结论，贯序 Poisson 抽
样主要适用于一次性的调查。

（5）估计方法方面的研究。本书在永久随机数法抽样技术的估计
方法方面的讨论分成等概率抽样技术和不等概率抽样技术。等概率抽样
以贯序简单随机抽样为代表，贯序简单随机抽样是严格的简单随机抽
样，其估计方法相对完备了。本书回顾了简单随机抽样的各种估计方
法，并进行了测算。不等概率抽样技术以 Poisson 抽样和多目标调查的
估计量为代表。而 Poisson 抽样的估计方法是当前国际上关于永久随机
数法抽样技术的估计方法的研究重点。传统的 Poisson 抽样采用 Horvits -
Thompson 估计量，但是往往导致估计的精度很低，这一点制约了 Pois-
son 抽样在实践中更为广泛的应用。本书在 Poisson 抽样中引入广义回归
估计量和校准估计量，并采用弃一组 Jackknife 方差估计方法对估计量
的精度进行估计。本书在方法讨论的基础上，采用农业统计数据进行对
Poisson 抽样和多目标调查的估计量进行了实证测算，测算的结果认为，
广义回归估计量能很好地提高估计精度，并且在估计过程中应寻找与调
查变量有较高相关性的辅助指标，以进一步提高估计精度。

2. 创新之处

本书在国内首次系统而深入地研究了永久随机数法抽样技术及应用
实践，并针对我国抽样调查领域的实际问题进行了探讨，在理论研究和
实践应用领域均有重要的意义。具体说来，本书的创新之处主要集中在
以下几个方面：

（1）本书在系统整理了永久随机数法抽样技术的抽样方法的基础
上，提出了新的分类方法，按照实现的样本量是否确定，分为确定性样
本量的抽样方法和随机样本量的抽样方法两类，这对于永久随机数法抽
样技术其他问题的探讨具有重要意义。同时，在配置抽样原理的启发
下，提出对永久随机数进一步修匀的方法，即获取永久随机数之后采用
排序的方法将其修匀，并更大胆的设想在修匀时去掉随机误差项，使修

3

匀过程更为简洁。经过处理后的永久随机数参与到后续调查中。

（2）多变量与规模成比例不等概率抽样能很好地解决多目标调查问题。我国农村抽样调查中已经开始引入并试点该抽样技术。当前多变量与规模成比例的抽样方法采用"取大取小"的原则确定调查单元的入样概率，本书提出三点对该抽样方法的修正意见：第一，对调查单元的入样概率进一步调整，以使实现的样本量是以期望样本量为期望的随机变量，并使其更好地满足不等概率抽样的条件，从而更好地确定估计量；第二，引入 PoMix 抽样的思想，以解决高度偏态的抽样框的调查问题；第三，引入贯序抽样的思想，以解决样本量不确定问题。

（3）永久随机数法抽样技术有很好的样本兼容的性质，所以在同步调查中，能够实现多个样本的兼容。而国内的多层次调查问题是同步调查的一个应用。虽然国际上很多文献都认为永久随机数法抽样技术能很好的实现样本兼容，但是具体如何实现，当前尚未发现具体讨论这方面的文献。本书针对永久随机数法抽样技术中的多种抽样方法的具体特征，系统地讨论了在同一抽样框中抽取多个样本的方法，为永久随机数法抽样技术能有效地实现多层次调查提供了理论准备。在此基础上，本书通过讨论和推导，证明只要下级调查的样本量大于上级调查的样本量，不论是等概率抽样还是不等概率抽样，上级调查的单元都会落到下级调查样本中，从而较好地解决了多层次调查中的样本兼容问题。

（4）在样本轮换问题的探讨中，本书首次系统讨论了各种永久随机数法抽样技术的抽样方法的样本轮换方法，并对不等概率抽样方法中的样本轮换方法中的抽样区间的计算公式进行推导和总结，以便于计算样本轮换的抽样区间。关于样本轮换的研究中还有一个重要发现，那就是贯序 Poisson 抽样在实现样本轮换时不能像贯序简单随机抽样那样通过简单的平移的方法实现样本轮换，而需要附加限制条件，因此在连续性调查中的应用有很大的局限性，笔者认为贯序 Poisson 抽样主要适用于不需要进行样本轮换的一次性调查。

永久随机数法抽样技术还有很多问题需要进一步探讨，其在国内的理论研究和实践应用都在初始阶段，需要更多的专家不断地为之付出努力。

目　录

第1章 导 论

1.1 研 究 背 景

1.1.1 永久随机数法抽样技术的研究意义

永久随机数法（Permanent Random Numbers，PRNs）抽样技术近年来在各国调查实践中有着广泛的应用，主要集中在农业、能源、商业、价格指数调查等方面。近年来我国抽样调查领域也开始引入永久随机数法抽样技术，如规模以下工业抽样调查、农村抽样调查等。但是现在我国对于永久随机数法抽样技术在调查领域的应用属于较低的水平，研究尚处于初始的阶段，永久随机数法抽样技术的优势没能得到充分的发挥。

永久随机数法抽样技术的优势主要表现在以下几个方面：第一，永久随机数法抽样技术能方便地实现等概率抽样和与规模成比例不等概率抽样；第二，永久随机数法抽样技术能有效地解决多目标调查问题；第三，永久随机数法抽样技术能有效地实现多层次调查问题；第四，永久随机数法抽样技术可以方便地实现样本轮换。

本书在系统讨论永久随机数法抽样技术常用的抽样方法的基础上，研究在我国的抽样调查领域尚有待于进一步探讨的问题，如多目标调查问题、多层次调查问题、样本轮换问题等，并对永久随机数法抽样技术的估计方法进行研究，希望能够促进永久随机数法抽样技术在我国抽样调查体系中的应用和推广。因而永久随机数法抽样技术的研究具有重要的理论意义和实践意义。

1.1.2　国外研究现状分析

永久随机数法抽样技术所有的各种抽样方法都可以看作是 Poisson 抽样的一种，如 Bernoulli 抽样可以看作是等概率的 Poisson 抽样方法等，因而 Poisson 抽样可以说是永久随机数法抽样技术的基本抽样方法。Poisson 抽样是由哈耶克（Hajek，1964）提出的严格不放回，样本量为随机变量的抽样方法。Poisson 抽样的名字最早可以追溯到费勒（Feller，1950）提到的"Poisson trials"。沙恩达尔、斯维森和莱特曼（Sarndal，Swensson and Wretman，1992）引入了称作"Bernoulli sampling"的等概率 Poisson 抽样。美国最早开始应用 Poisson 抽样（Ogus and Clark，1971）。美国普查局的年度制造业调查（the U. S Bureau of Census's Annual Survey of Manufacturers）（Ogus and Clark，1971）、瑞典的 CPI（Consumer Price Index）调查（Ohlsson，1990）、瑞典的企业调查（Sigman and Monsour，1995）等都是使用永久随机数法抽样技术的案例。

永久随机数法抽样技术主要应用在经常性调查中，例如农业、能源、商业、价格指数调查等方面。当前，各国的抽样调查专家对永久随机数法抽样技术的研究主要集中在以下几个方面：抽样方法的改进和发展、多目标调查的实现、样本轮换问题以及估计方法问题等。抽样调查专家进行理论研究的同时，不断地在各国的调查实践中验证和发展永久随机数法抽样技术的理论。

1. 抽样方法的改进和发展

关于抽样方法的研究主要集中在对 Poisson 抽样的研究上，而对 Poisson 抽样的研究主要集中在两个方面：一是序贯 Poisson 抽样的研究，序贯 Poisson 抽样是由埃斯比约恩·奥尔松（Esbjorn Ohlsson，1990）提出的，该抽样方法将 Poisson 抽样的随机样本量确定下来，但随之产生的问题是序贯 Poisson 抽样不再是严格的与规模成比例抽样，调查单元的入样概率有更复杂的设定方法，同时序贯 Poisson 抽样在实现样本轮换时会产生很多问题，主要适合于一次性调查；二是调查单元的入样概率的设定研究，尼比利亚（Nibia Aires，1999）对 Poisson 抽样中调查单元的入样概率进行了相对系统的研究。由于 Poisson 抽样是不放回的不等概率抽样，尼比利亚对当调查的样本量大于 2 时，单元的入样概率进行了详细的讨论。但是其观点并不为所有的调查专家所认可，更多的调查专家认同采用调查单元的相对规模作为入样概率。如此操作相对简单，也可以实现与规模成比例的不等概率抽样。

永久随机数法抽样技术的最新抽样方法是 PoMix 抽样方法。PoMix 抽样是由克罗格、沙恩达尔和泰伊卡里（Kroger，Sarndal and Teikari，1999）提出的，是用于调查中常见的偏斜总体的一种调查方法。每一种 PoMix 方法可以看作两种传统的 Poisson 抽样的结合：Bernoulli 抽样（总体中的所有单元都有固定的入样概率的 Poisson 抽样）和 Poisson πps 抽样（入样概率与总体规模的测度严格成比例的 Poisson 抽样）。PoMix 抽样实际上采用由固定概率和与规模成比例的入样概率的线性组合而成的入样概率的 Poisson 抽样。PoMix 抽样更加适合高度偏斜的总体的调查，而且可以产生比传统的 Poisson 抽样更精确的估计量，而传统的 Poisson 抽样只有在入样概率与规模的测度有很强的相关性的条件下才能实现有较好的估计量。

PoMix 抽样的最新发展是序贯 PoMix 抽样，该抽样方法是克罗格、沙恩达尔和泰伊卡里（2003）提出的，是 PoMix 抽样和序贯抽样相结合的产物，旨在解决 PoMix 抽样的随机样本量问题，因此具备序贯 Poisson 抽样的特征。

2. 多目标调查的实现

永久随机数法抽样技术的一个优势在于能很好地实现多目标调查。美国农业部农业统计署（NASS）的专家杰弗里·贝利和菲利普·科特（Jeffrey Bailey and Phillip Kott，1997）首先提出多变量与规模成比例的不等概率抽样方法，在国内通常称其为 MPPS 抽样。MPPS 抽样的核心技术主要有两点：一是 Poisson 抽样技术；二是入样概率的选择。MPPS 抽样是与 Poisson 抽样相结合的 MBS 抽样方法，即采用 MBS 方法确定单元的入样概率，之后采用 Poisson 抽样抽取样本。MPPS 抽样主要是采用"取大取小"的方法确定调查单元的入样概率，即在有多个调查目标时，为调查单元设定多个最大化 Brewer 抽样的入样概率，取所有小于 1

的入样概率中最大的入样概率作为单元的入样概率。这种处理方法在抽样过程中兼顾了多个调查指标，能有效地实现多目标调查。但是，由于单元的入样概率的选取破坏了所有调查单元的入样概率之和等于样本量的关系，因此实现的样本量不再是以期望样本量为期望的随机变量，也就是说实现的样本量与期望样本量之间往往有很大的差异。与此同时，由于采用 Poisson 抽样的方法实现抽样，因此具备 Poisson 抽样的特征。

3. 样本轮换问题

当前国际上关于样本轮换理论的讨论按照轮换方法可以分成两个分支：一个是子样本轮换理论；另一个是永久随机数样本轮换理论。子样本轮换理论是传统的样本轮换理论，当前对此颇有建树的抽样调查专家主要有克雷格·麦克拉伦（Craig McLaren）、大卫·斯蒂尔（David Steel）、尤松·帕克（YouSung Park）、菲利普·贝尔（Philip Bell）、沃特（Wotter）等人，他们对单水平轮换、不完全单水平轮换以及多水平轮换的方法和应用进行了系统研究；永久随机数样本轮换方法是由布鲁尔等（Brewer et. al.，1972）提出来的，主要用于配合永久随机数抽样技术，森特和佩德罗·萨韦德拉（Sunter and Pedro Saavedra et al.）对此有较为深刻的研究。永久随机数法抽样技术能很好地实现样本轮换是因为永久随机数法抽样技术能很好地实现样本兼容。最初采用无放回序贯简单随机抽样（简写成序贯 srswor 抽样）实现样本兼容的是瑞典的 SAMU 系统，其中用到的基本方法由阿姆特（Amter et al.，1975）给出，称之为"JALES"（首创者的首字母的缩写）的方法。埃斯比约恩·奥尔松（Esbjorn Ohlsson，1995）对永久随机数法抽样技术实现样本兼容的方法进行了总结，形成本书"Coordination of Samples Using Permanent Random Numbers"，成为永久随机数法抽样技术的相关文献中引用率几乎是最高的文献。

佩德罗·萨韦德拉（Pedro Saavedra，1998）提出在不等概率抽样中继续采用上述常数平移的做法会不可避免地将入样概率小的单元轮换出样本，而保留了入样概率较大的调查单元。这是因为调查单位对应的永久随机数的产生是随机的，如果入样概率较大，则大于其对应的永久随机数的可能性要比入样概率较小的调查单元大。为了减少概率对样本轮换的影响，佩德罗·萨韦德拉提出将调查单元的抽选概率 π_i 引入样本轮换中。也就是说 $r_i' = r_i - \pi_i c$，π_i 是抽选概率，c 是常数。如果 $r_i' < 0$，则取 $r_i' = r_i' + 1$。在佩德罗·萨韦德拉的实证测算中可以看到，使用这种方法可以使重叠样本单元均匀分布在样本中。但这种方法的弱点在于永久随机数在样本轮换过程中发生了改变，也就是说永久随机数实质上失去了永久性，那么永久随机数的很多优势就难以发挥出来。

4. 估计方法问题

提高抽样调查的估计精度主要有两种方法，一是选择更加适合调查总体的抽样方法；二是改进估计量。序贯 srswor 是简单随机抽样（Ohlsson，1995），因此可以采用简单随机抽样的估计方法。永久随机数法抽样技术估计方法研究的难点在于 Poisson 抽样的估计方法。通常情况下，Poisson 抽样采用 Horvitz – Thompson 估计量 $\hat{Y}_{HT}$，但是结果是估计的精度很低，这也是 Poisson 抽样在实践中的应用受到制约的原因。布鲁尔（1972）提出了采用比估计量 $\hat{Y}_R$ 对 Poisson 抽样的样本进行估计，森特（1977）通过模拟研究证明，$\hat{Y}_R$ 确实比 $\hat{Y}_{HT}$ 有更好的精度。沙恩达尔（1996）进一步证实采用估计量 $\hat{Y}_R$ 可以提高调查的估计精度。

近年来，美国农业部的抽样调查专家菲利普·科特在永久随机数法抽样技术的研究中有着突出的贡献。菲利普·科特（1997）一方面提出了解决多目标调查的方法 MPPS 抽样，另一方面提出了提高永久随机数法抽样技术的估计精度的方法——构造广义线性回归估计量并采用弃一组 Jackknife 方差估计方法（2000，2004），为永久随机数法抽样技术中的估计方法的研究打开了新的思路。

1.1.3　国内研究现状

近年来我国抽样调查领域也开始引入永久随机数法抽样技术，如规模以下工业抽样调查、农村抽样调查等。但是目前我国对于永久随机数法抽样技术的应用属于较低的水平，研究也处于初始的阶段，主要引用了永久随机数法抽样技术的简单随机抽样方法，开始试点实施多变量与规模成比例不等概率抽样。相对于传统的抽样技术，永久随机数法抽样技术比较新，本身尚有许多有待于进一步完善之处。尤其是针对我国抽样调查的实际情况，永久随机数法抽样技术值得更多的专家进一步探讨，以使其更适应我国抽样调查实践的需要。目前为止，国内尚未发现有关于永久随机数法抽样技术的系统研究，因此本书对于该抽样技术的后续研究有一定的参考价值。

1.1.4　主要参考文献

本书的主要参考文献是美国农业部的菲利普·科特和杰弗里·贝利的系列文章，美国宏观运筹中心（Macro ORC）的佩德罗·萨韦德拉的系列文章、美国能源部的保拉·威尔（Paula Weir）的系列文章、瑞典斯托克霍尔姆大学的数理统计专家埃斯比约恩·奥尔森的系列文章，美国乔治城大学的迪伦·戈什（Dhiren Ghosh）的系列文章等，这里不再一一列出，具体的参考文献请见本书正文之后的主要参考文献部分。

1.2　整体框架

1.2.1　主体结构

永久随机数法抽样技术虽然由来已久，但是对其进行较为深入地研究主要集中在近二十年之内。近年来我国的抽样调查体系也开始引入该抽样技术。本书从永久随机数法抽样技术的基本方法出发，结合我国当前调查系统的现状，试图借助永久随机数法抽样技术的诸多优势尝试解决多年来我国调查的理论界和应用界都悬而未决的几个难题，如多目标调查问题、多层次调查问题、样本轮换问题等，并试图找到更加适合的估计量。

笔者主要按照上述思路展开本书，主体结构请见图1-1。

第1章　导论。

本书首先介绍选题的理论意义和实践意义，并对永久随机数法抽样技术的国内外研究现状进行简单的综述。在此基础上给出笔者的研究基本思路和本书的整体框架。

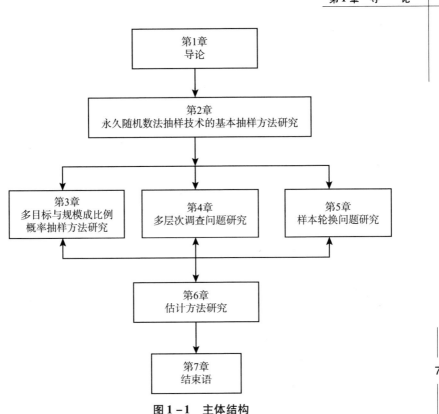

图 1-1 主体结构

第 2 章 永久随机数法抽样技术的基本抽样方法研究。

本书从永久随机数法抽样技术的基本原理出发，在国内首次系统讨论了永久随机数法抽样技术主要的和常用的抽样方法。按照由简单到复杂的顺序，本书首先讨论了等概率抽样方法，如序贯 srswor 抽样、Bernoulli 抽样等；其次讨论了不等概率抽样方法，如 Poisson 抽样、序贯 Poisson 抽样、配置抽样等；最后讨论了当前最新的永久随机数抽样方法 PoMix 抽样，这是一种主要适用于调查单元呈偏态分布的总体的调查抽样方法，兼有 Bernoulli 抽样和 Poisson 抽样的两种抽样方法的优势。在此基础上，按照样本量是否确定将这些抽样方法进行了重新分类和总结，这对于永久随机数法抽样技术其他问题的研究有重要意义。

第 3 章 多目标与规模成比例概率抽样方法研究。

多目标调查问题是近年来在国内抽样调查领域受到普遍关注的问

题，一直没有找到被普遍认可的解决方法。永久随机数法抽样技术能较好地解决这一难题。本书首先对当前国内抽样调查领域对多目标调查问题研究现状进行简单的回顾；其次给出由美国农业部调查专家菲利普·科特（1997）等提出的在国内称之为 MPPS 抽样方法的基本原理，在此基础上对该抽样方法进行探讨，并提出对 MPPS 抽样改进的设想。

第 4 章　永久随机数法抽样技术的多层次调查问题研究。

对于许多大型的调查，经常要求在同一抽样框中抽取多个调查样本。如果为了节约调查成本，就需要使样本之间有较大的重叠率，而为了分散调查单元的回答负担，则要求样本之间有较小的样本重叠率，这就是同步调查。永久随机数法抽样技术能很好地解决同步调查的样本兼容问题。虽然很多文献都指出了这一点，但是目前尚未发现有文献系统而完备地讨论永久随机数法抽样技术在同步调查中如何实现样本的兼容。因此本书首先对同一抽样框中样本兼容的具体实现进行讨论，这对于许多需要控制样本兼容的同步调查是很有意义的。

国内的多层次调查问题就是同步调查问题的一个应用。在多层次调查中，为了满足分级管理的需要，各级都要进行调查。而为了节约调查成本，各级样本要尽可能兼容。本书在讨论了同步调查中控制样本兼容的基本原理的基础上进行了证明，只要上级的样本量小于下级样本量，上级的样本单元将全部落在下级样本中。

第 5 章　永久随机数法样本轮换问题研究。

关于样本轮换的讨论主要有两个分支，即子样本轮换和永久随机数法样本轮换。子样本轮换的主要弱点是在调查之前首先要划分子样本，那么在抽样框的变动较大的情况下，传统的子样本轮换不能很好地在样本中体现抽样框的更新。而永久随机数法样本轮换不需要将调查单元划分为子样本，调查单元以个体的形式存在于抽样框中，因此轮换后的样本能很好地体现抽样框的更新。本书在讨论永久随机数法抽样技术的样本兼容性质的基础上，讨论了多种永久随机数法抽样技术的样本轮换方法，并通过迭代给出了 Poisson 抽样等抽样方法的抽样区间的计算公式，从而使样本轮换工作更具可操作性。本书在研究各种抽样方法的样本轮换时发现，序贯 Poisson 抽样虽然将 Poisson 抽样的样本量固定下来，但是序贯 Poisson 抽样在连续调查中实现样本轮换时有很多的局限性，并通过一个极端的例子证明，序贯 Poisson 抽样只能抽取排序变量最小的

单元构成样本。因此得到结论，序贯 Poisson 抽样主要适用于一次性的
调查。

第6章 永久随机数法抽样技术的估计方法研究。

本书在永久随机数法抽样技术的估计方法方面的讨论分成等概率抽
样技术和不等概率抽样方法。等概率抽样以序贯 srswor 抽样为代表，序
贯 srswor 抽样是严格的简单随机抽样，其估计方法相对完备了。本书回
顾了简单随机抽样的各种估计方法，并进行了测算。不等概率抽样技术
以 Poisson 抽样和多目标调查的估计量为代表。而 Poisson 抽样的估计方
法是当前国际上关于永久随机数法抽样技术估计方法的研究重点。传统
的 Poisson 抽样采用 Horvits – Thompson 估计量，但是往往导致估计的精
度很低，这一点制约了 Poisson 抽样在实践中更为广泛的应用。本书在
Poisson 抽样中引入广义回归估计量和校准估计量，并采用弃一组 Jack-
knife 方差估计方法。本书在方法讨论的基础上，采用农业统计数据进
行对 Poisson 抽样和多目标调查的估计量进行了实证测算，测算的结果
认为，广义回归估计量能很好地提高估计精度，并且在估计过程中应寻
找与调查变量有较高相关性的辅助指标，以进一步提高估计精度。

第7章 结束语。

本章对全书的主要研究内容进行回顾，并对永久随机数法抽样技术
的应用前景进行了展望。

1.2.2　研究中所要突破的难题

近年来各国的调查专家将永久随机数法抽样技术作为一种独立的抽
样技术进行研究。在国内目前尚未发现有关于永久随机数法抽样技术的
系统研究的文献。笔者在对国外关于永久随机数法抽样技术的相关理论
进行深入研究的基础上，结合我国的抽样调查领域的现状，希望能在以
下几个方面实现突破。

1. 抽样方法方面的突破

我国虽然引入了永久随机数法抽样技术，但是主要是采用了简单随
机抽样方法和多变量与规模成比例抽样，永久随机数法抽样技术的很多
优势没能充分发挥出来。本书希望能够突破抽样方法的局限，将永久随

机数法抽样技术中更多的抽样方法引入国内，以使永久随机数法抽样技术能在更多的调查领域发挥更大的作用。

2. 多变量与规模成比例不等概率抽样方法的突破

我国引入了多变量与规模成比例不等概率抽样，并进行了试点。笔者考虑在该抽样方法中实现两方面的突破。一是在调查单元的入样概率设定方面，多变量与规模成比例不等概率抽样不再是严格的 Poisson 抽样，如何使其入样概率与规模成比例，以确定更为适合的估计量；二是在样本量的实现方面，多变量与规模成比例不等概率抽样是一种特殊的 Poisson 抽样，具有随机样本量的特征，希望引入序贯抽样的思想将随机样本量确定下来。

3. 永久随机数法抽样技术在实现多层次调查方面的突破

由于永久随机数法抽样技术有很好的样本兼容的性质，很自然地想到永久随机数法抽样技术能实现多层次抽样的样本兼容。当前国内的研究只是从直观上认为永久随机数法抽样技术能实现样本的兼容，本书试图从理论上找到相应的证明，为永久随机数法抽样能满足分级管理的需要实现多级样本兼容找到理论根据。

4. 永久随机数法抽样技术在样本轮换方面的突破

也是基于其能很好地实现样本兼容的性质，永久随机数法抽样技术能很好地实现样本轮换，并能在样本轮换中体现抽样框的更新的性质。当前研究主要是采用逐年计算调查单元的抽样区间的方法实现样本轮换，本书试图通过递推，找到更为简洁的单元的抽样区间的计算方法，并讨论序贯 Poisson 抽样的样本轮换的实现。

5. 估计方法的突破

我国引入采用永久随机数法抽样技术之后，采用的估计方法主要是简单估计量。本书试图将广义回归估计量、校准估计量、Jackhnife 方差估计量等估计方法引入我国的抽样调查领域，以提高调查的估计精度，使抽样过程和估计过程更加科学化，与国际上抽样领域的先进水平接轨。

1.2.3　创新之处

创新是本书的灵魂。笔者自近年来一直关注永久随机数法抽样技术的学术研究和实践应用，产生了一系列的思考，形成了本书的创新之处。也许有些创新之处还不是很成熟，希望能有更多的专家能投入精力与笔者共同探讨。

本书在国内首次系统而深入地研究了永久随机数法抽样技术及应用实践，并针对我国抽样调查领域的实际问题进行探讨，在理论研究和实践应用领域均有重要的意义。具体说来，本书的创新之处主要表现在以下几个方面：

（1）本书在系统整理了永久随机数法抽样技术的抽样方法的基础上，提出新的分类方法，按照实现的样本量是否确定分为确定样本量的抽样方法和随机样本量的抽样方法。这种新的分类方法对于永久随机数法抽样技术的其他问题的探讨具有重要意义。同时，在配置抽样原理的启发下，提出对永久随机数进一步修匀的方法，即获取永久随机数之后采用排序的方法将其修匀，并更大胆的设想在修匀时去掉随机误差项，使修匀过程更为简洁。经过处理后的永久随机数参与到后续调查中。

（2）多变量与规模成比例不等概率抽样能很好地解决多目标调查问题。我国农村抽样调查中已经开始引入并试点该抽样技术。当前多变量与规模成比例的抽样方法采用"取大取小"的原则确定调查单元的入样概率，本书提出三点对该抽样方法的修正意见：第一，对调查单元的入样概率进一步调整，以使实现的样本量是以期望样本量为期望的随机变量，并使其更好地满足不等概率抽样的条件，从而更好地确定估计量；第二，引入 PoMix 抽样的思想，以解决高度偏态的抽样框的调查问题；第三，引入序贯抽样的思想，以解决样本量不确定问题。

（3）永久随机数法抽样技术有很好的样本兼容的性质，所以在同步调查中，能够实现多个样本的兼容。而国内的多层次调查问题是同步调查的一个应用。虽然国际上很多文献都认为永久随机数法抽样技术能很好地实现样本兼容，但是具体如何实现，当前尚未发现具体讨论这方面的文献。本书针对永久随机数法抽样技术中的多种抽样方法的具体特征，系统地讨论了在同一抽样框中抽取多个样本的方法，为永久随机数法抽样技术能有效地实现多层次调查提供了理论准备。在此基础上，本书通过讨论和推导，证明只要下级调查的样本量大于上级调查的样本量，不论是等概率抽样还是不等概率抽样，上级调查的单元都会落到下级调查样本中，从而较好地解决了多层次调查中的样本兼容问题。

当前对于序贯 Poisson 抽样的样本兼容问题的讨论，普遍认为序贯 Poisson 抽样的样本兼容问题可以采用序贯 srswor 抽样简单的平移的方法实现。笔者认为此操作不能有效地实现序贯 Poisson 抽样的样本兼容，这一点在连续调查的样本轮换中表现尤为突出。

（4）在样本轮换问题的探讨中，本书系统讨论了各种抽样方法的样本轮换方法，并对不等概率抽样的样本轮换方法的抽样区间计算公式进行推导和总结，以便于计算样本轮换的抽样区间。样本轮换的研究中还有一个发现，那就是序贯 Poisson 抽样在实现样本轮换时不能像序贯 srswor 那样通过简单的平移的方法实现样本轮换，而需要附加限制条件，因此在连续性调查中的应用有很大的局限性，笔者认为序贯 Poisson 抽样主要适用于不需要进行样本轮换的一次性调查。

1.2.4 本书的特色

永久随机数法抽样技术是近年来国际上应用较为广泛的抽样技术，国内也开始引入该抽样技术，因此本书的选题应该是合上了时代的节拍。本书的选题符合"小题大做"的指导思想，对永久随机数法抽样技术的若干问题进行了相对深入和完备的探讨。具体说来，本书的特色主要表现在以下几个方面：

（1）将当前国际上抽样调查领域中的诸多新观点、新理论和新方法引入本书中，例如多变量与规模成比例不等概率抽样、广义回归估计量、校准估计量、弃一组 Jackknife 方差估计量等，努力借鉴和吸收国外的先进技术和经验，来解决我国抽样调查领域的实际难题。

（2）理论联系实际，从我国抽样调查领域的实际问题出发，试图使永久随机数法抽样技术为解决多目标调查、多层次调查问题、样本轮换问题、估计方法问题等诸多长期在我国抽样调查领域悬而未决的问题提供新的思路。

（3）科学性与可操作性相结合。本书在理论研究的基础上，采用相应的数据进行测算比较，进一步阐述本书中的理论和观点，并验证理论研究的可操作性。

1.2.5　本书采取的研究方法

本书在研究国外相关领域的科研成果的基础上，结合我国的实际，寻找更加适合我国抽样调查实践的抽样技术，力求为我国抽样调查领域存在的问题提供一个新的解决思路。主要采用以下方法：第一，抽样技术，尤其是借助辅助信息的推断技术，如广义回归估计方法、校准估计量、弃一组 Jackknife 方差估计方法等；第二，统计建模方法，如各种线性模型；第三，使用统计软件实现抽样及估计过程；第四，实证研究，通过实际数据的测算，以验证本书中的理论，并从中找出存在的问题，展望永久随机数法抽样技术的发展方向。

第2章 永久随机数法抽样技术的基本抽样方法研究

永久随机数法抽样技术在各国调查实践中有着广泛的应用，如美国农业部的农产品调查、宏观运筹中心（Macro ORC）的 EIA 月度石油产品销售调查、普查局的年度制造业调查、瑞典的价格指数调查、澳大利亚的企业调查等都普遍采用了永久随机数法抽样技术。近年来我国抽样调查领域也开始引入永久随机数法抽样技术，如规模以下工业抽样调查、农村抽样调查等。本章系统讨论了永久随机数法抽样技术的常用方法，希望能够促进永久随机数法抽样技术在我国抽样调查体系中的应用和推广。

2.1 概　　述

在连续抽样调查中，面对相似或者重叠的调查总体，人们往往通过控制样本重叠率来控制抽样调查工作。例如为了提高样本之间的数据衔接性，可以考虑采用样本轮换的方式更新样本，适当提高样本重叠率；考虑到回答负担的均衡分布问题，则需要尽量降低重叠率，直至采用完全不同的样本。永久随机数法抽样技术可以有效地控制相似或重叠调查总体的样本重叠率。在这一抽样技术中，抽样框的每个单元都被赋予从区间 [0, 1] 产生的随机数，并保留下来，不再改变。随机数具有某一特征的单元将入样。因为随机数被保存下来，因此称之为永久随机数（PRNs），记作 r_i。永久随机数法抽样技术强调随机数与调查单元的唯一确定性。如果有新的调查单元产生，则随之产生与之相对应的新的随机数，并参与到总体中；如果有旧的单元消亡则将随机数与单元一起从总体中删除，因而能够实现抽样框的维护。这一过程可以看成总体单元以其所赋予的随机数为标志，均匀分布在［0，1］之间，抽取随机数即为抽取调查单元，于是可以实现抽样的随机性。之所以选择区间［0，1］是因为该区间可以构成循环的系统，在抽样过程中，如果选择的抽样区间的终点大于1，则将抽样区间的终点减去1，新的随机数又落入［0，1］区间，于是可以方便地实现样本轮换。

2.2 等概率永久随机数法抽样技术

永久随机数法抽样技术的等概率抽样方法通常是采用无放回简单随机抽样（srswor）来实现，该方法由阿特梅尔（Atmer）、图林和巴克伦（Thulin and Backlund，1975）提出，目前瑞典统计局的大多数企业调查都是使用该方法。

在设计简单随机抽样和存在子总体的随机抽样时，使用永久随机数会非常容易实现抽样和估计过程。需要强调的是，在同一次调查中，同一调查单元只能有唯一的永久随机数，并且该随机数随着单元的产生而产生，随着单元的消亡而消失。这样就能保证调查单元在总体和各子总体的统一性。总体是子总体的总和，子总体采用与总体相同的抽样设计，就会使总体的样本单元落入到子总体的样本中，这一优势对于实现多层次调查的样本兼容有重要意义。由于在子总体抽样与在总体抽样采取相同的方法，所以以下行文将仅就在总体中的抽样进行说明。

2.2.1 序贯简单随机抽样方法（序贯 srswor）

永久随机数法抽样技术的简单随机抽样通常是这样实现的，将抽样框中的所有调查单元按永久随机数排序，抽取永久随机数最小的 n 个单元构成样本（假定样本量为 n）。奥莱森（Ohlsson，1995）曾详细证明这一过程是随机抽样。范（Fan et al.，1962）描述这一技术为"序贯"抽样，我们称该抽样技术为"序贯简单随机抽样"（序贯 srswor）。基本操作如图 2 - 1 所示（其中 × 表示调查单元）。

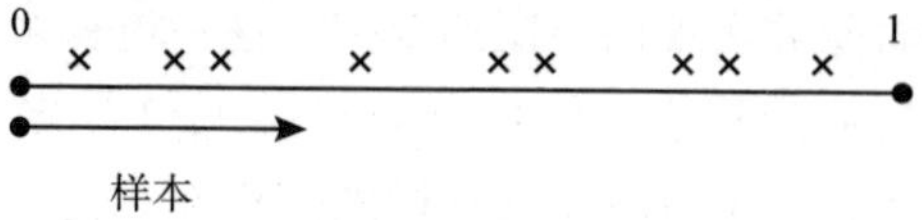

图 2-1 序贯简单随机抽样的基本原理

抽取永久随机数最小的 n 个单元构成样本，实际上是从永久随机数区间的左端起点 0 开始向右抽取样本。如此抽取样本主要是为了操作的方便。由于〔0，1〕区间可以看作一个循环系统，所以实际上可以从〔0，1〕的任意点 a 开始，按顺序向右抽取 n 个单元构成样本，如图 2-2（a）所示。如果选择的起点右边的单元不足以构成样本，则从永久随机数的左边起点开始继续抽取样本单元的，以补足样本，如图 2-2（b）所示。例如我们要抽取 100 个单元构成样本，但是从〔0，1〕的某一点开始，右边的单元只有 60 个，那么就从 0 点开始继续按永久随机数的顺序抽取 40 个单元与之前的 60 个单元一起构成样本。由于永久随机数所在的区间可以看作循环的系统，所以同样可以从区间的右端点 1 开始向左抽取单元构成样本。同样道理，抽样起点可以是〔0，1〕区间的任何一点，当抽样的起点左边的单元不足以构成样本时，需要从 1 处开始继续抽取单元以补足样本。由于抽样起点在〔0，1〕任何一点，抽样方向向右或者向左，抽样原理都是一样的，所以为了操作的方便，通常情况下都是从 0 点开始向右抽取单元构成样本。

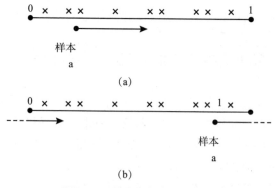

（a）

（b）

图 2-2 从任意起点抽取样本

永久随机数的取值区间当前有多种表示方法，有的是开区间，即永久随机数不能取到端点值 0、1，如芬兰的调查专家异泰西卡利（Ismo Tesikari，2000）等；有的是闭区间，如瑞典的调查专家埃斯比约恩·奥尔松（1995）等；有的是半开半闭区间，如美国的调查专家菲利普·科特和杰弗里·贝利（2000），澳大利亚的调查专家理查德·姆肯齐奇和比尔·格罗斯（Richard Mckenzic and Bill Gross，2000）等。笔者认为，永久随机数法抽样技术的最大优势在于不管是横向还是纵向都能有效而且方便地实现样本兼容，这需要反复用到"永久随机数的取值区间 ［0，1］ 可以看作是一个循环的系统"这一条件，也就是说，在选择的永久随机数的终点大于 1 时，需要折回从 0 继续抽取，如图2–2所示。于是，永久随机数应该可以取到 0 和 1 这两个端点值，所以永久随机数的取值区间应该是闭区间 ［0，1］。但是在确定抽样区间时，为了更好地控制样本的重叠情况，抽样区间的两个端点应该采用半闭半开的情况，也就是抽样区间的起点落入样本，而终点则落在样本之外。

　　从理论上说在 ［0，1］ 区间均匀分布的随机数不会有重叠。在实践中，随机数的重叠是可能发生的。因为计算机的随机数发生器产生的随机数在某一十进制上截尾，因此产生的随机数是有限的。随机数的重叠可以采用比抽样框中的单元数量更多的循环的全等发生器（Morgan，1984）。当新的单元进入抽样框时（如有新生单元），随机数的赋予应在最近停下的循环中继续进行，否则重复的随机数就可能发生。

　　序贯 srswor 抽样方法的显著优点是操作简单，有确定的样本量，能够达到预期的精度。但是由于要对总体进行排序，当总体中有新的单元产生或者旧的单元消失时，总体排队的顺序会有所改变，因此需要对总体排序进行适当的调整，以达到维护抽样框的目的。

　　在很多抽样调查中，很难直接得到要调查的抽样框，通常情况下要调查的总体是我们能找到总体的子集，也就是说我们找到的抽样框里包含目标总体外的单元（out-scope units）。当我们难以从得到的抽样框中逐个剔除目标总体外单元时，通常想到的办法就是从样本中剔除目标总体外单元。顺序消除目标总体外单元是序贯 srswor 抽样的一个简单应用。序贯 srswor 抽样方法是从抽样框中顺序抽取单元构成样本。如果抽样框中存在目标总体外单元，在抽样过程中对抽到的样本单元进行识别，如果抽到目标总体外单元，则舍弃该单元，继续抽样，直至抽到预

17

期的 n 个目标总体内单元（in-scope units）为止，此时得到的样本将是由目标总体内单元构成的"净"样本。由于在抽样之前对抽样框中的所有单元都赋予了永久随机数，而且随机数相互独立，我们得到的样本将会与其要反映的总体具有相同的概率分布结构，因此我们能够得到符合要求的目标总体内样本，正如目标总体外单元从来就不存在一样。如此操作的一个问题是我们无法确知目标总体内单元的总体数量。当然在很多抽样调查中总体单元的数量并不是一定要知道的。如果我们确实对此感兴趣，可以考虑从抽样过程出现的目标总体内单元和目标总体外单元的数量的比例情况结合抽样框中单元的总的数量进行估计。

2.2.2　Bernoulli 抽样方法

沙恩达尔、斯维森和莱特曼（1992）引入了称作"Bernoulli sampling"的等概率 Poisson 抽样。Poisson 抽样是永久随机数法抽样技术的不等概率抽样的基本方法，即抽取永久随机数小于入样概率的单元构成样本。在本章2.3节里我们将详细讨论 Poisson 抽样。因此本部分仅从抽样方法的角度介绍该抽样方法，具体的性质将会在 Poisson 抽样部分进行讨论。

Bernoulli 抽样方法是抽取永久随机数小于抽样比 $f\left(f = \dfrac{n}{N}\right)$ 的单元构成样本，即如果 $r_i < f$，则单元 i 入样。如果将所有单元的入样概率都看作是抽样比的话，Bernoulli 抽样实际上是 Poisson 抽样的等概率特例。由于永久随机数 r_i 在 ［0，1］均匀分布，因此总体单元在 ［0，1］均匀分布，但是随机数之间的间隔并不完全相等，正是这个原因导致 Bernoulli 抽样实现的样本量是随机变量。如果同样将永久随机数按照由小到大进行排序，则 Bernoulli 抽样是抽取永久随机数满足 ［0，f) 的单元构成样本。Bernoulli 抽样原理如图 2 -3 所示。

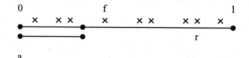

图 2 -3　Bernoulli 抽样的原理

为了操作方便，通常取抽样起点 a = 0，Bernoulli 抽样和序贯 srswor 抽样都是抽取有小的随机数 r_i 的单元入样。不同之处在于序贯 srswor 抽取随机数最小的 n 个单元，而 Bernoulli 抽样抽取永久随机数处于 [0, f) 的单元构成样本（见图 2-4）。

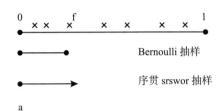

图 2 - 4　Bernoulli 抽样和序贯 srswor 抽样

由于 Bernoulli 抽样方法不需要对抽样框的所有调查单元进行排队，新的调查单元可以直接出现在抽样框中，而消亡的单元可直接从抽样框中剔除，因而在多次抽样过程中只要重复相同的操作（抽取永久随机数 r_i 小于抽样比 f 的单元入样），抽样的结果就能体现抽样框的更新。这种抽样方法的缺点就是样本量不固定，最终实现的抽样比是以预期的抽样比为期望的随机变量，甚至会出现空样本的情形。如果记实现的样本量为 m，则：

$$Pr(m = 0) = \left(1 - \frac{n}{N}\right)^N \qquad (2-1)$$

（具体讨论请见关于 Poisson 抽样的讨论）。因此最终实现的样本量与预期的样本量会有一定差异，受其影响最终的估计精度不一定能够有效地实现。Bernoulli 抽样是 Poisson 抽样的等概率特例，因此应采用 Poisson 抽样的估计方法。有些调查专家认为在对目标量进行方差估计时，随机的样本量也会产生方差，因此对于相同的总体，采用 Bernoulli 抽样的精度应该低于序贯 srswor 抽样，关于估计方法的讨论请见第 6 章估计方法的研究。

与序贯 srswor 相对应的，Bernoulli 抽样也不一定从 0 开始抽取样本。当抽样起点 a ≠ 0 时，Bernoulli 抽样抽取永久随机数满足 [a, a + f) 的单元构成样本。当 a + f > 1 时，抽取用随机数满足 [a, 1] 和 [0, a + f) 的单元。

19

2.3　不等概率永久随机数法抽样技术

永久随机数法不等概率抽样的基本抽样方法是 Poisson 抽样。Poisson 抽样是由哈耶克（1964）提出的一种严格不放回的样本量为随机变量的抽样方法。美国最早开始应用 Poisson 抽样（Ogus and Clark，1971）。美国普查局的年度制造业调查（the U. S Bureau of Census's Annual Survey of Manufacturers）（Ogus and Clark，1971）、瑞典的 1989 年之前的 CPI 调查（Ohlsson，1990）、瑞典的企业调查（Sigman and Monsour，1995）等都是使用 Poisson 抽样的案例。

在重复调查中，由于效率和费用的原因，在连续的样本之间往往要求有较大的样本重叠率。另外，我们要反映抽样框的变化，如新生、消亡以及发生的规模和分类的变化，又需要样本之间有较小的重叠率。使用 Poisson 抽样方法可以很好地控制样本重叠率（Brewer，Early and Joyse；1972）。

2.3.1　Poisson 抽样方法

考虑有限总体 $U = \{1, 2, \cdots, N\}$ 和正向的辅助变量 $\mathbf{p} = (p_1, \cdots, p_N)$。将辅助变量标准化，使得对于抽样框中所有的调查单元 i，有 $p_i > 0$，且

$$\sum_U p_i = 1 \qquad\qquad (2-2)$$

按照与 p_i 成比例的概率抽取样本单元。我们考虑将 p_i 看作是单元 i 的规模的测度，特别的，令 p_i 为相对规模，即单元 i 的规模占总体规模总量的比重。如果

$$\pi_i = \Pr(i \in s) = np_i, \ i = 1, 2, \cdots, N \qquad (2-3)$$

则抽样过程是严格的与规模成比例的概率抽样，其中 $i \in s$ 表示单元 i 进入样本 S，n 是期望样本量。需要注意的是，在实际工作中，对于高度偏斜的总体，可能会出现 $\pi_i = np_i \geqslant 1$ 的情形，即调查单元的入样概率大于或者等于 1。通常的处理方法是将该类单元，甚至是入样概率接近于 1 的单元归入"必选单元"层。这符合传统抽样中目录抽样的原理。

在以下行文中，我们认为入样概率小于 1，提到的抽样框也是指剔除入样概率大于或者等于 1 的单元之后的剩余单元的集合。

对每个总体单元赋予入样概率 π_i，以 π_i 为成功概率，做一次 Bernoulli 试验，若试验成功，则相应的单元入样。共作 N 次这样的试验，实际入样的单元数即实现的样本量 m 是一个随机变量。显然有

$$E(m) = \sum_U \pi_i = \sum_U np_i = n \qquad (2-4)$$

Poisson 抽样的 Bernoulli 试验是将永久随机数 r_i 与入样概率 π_i 比较，如果 $r_i < \pi_i$，则抽中第 i 个调查单元，如图 2-5 所示，直线 $\pi = r$ 以上的点，即处于阴影部分的点入样。

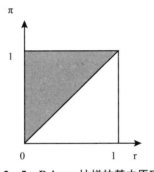

图 2-5　Poisson 抽样的基本原理

与序贯 srswor 相类似的，抽样的起点不一定非要从 0 开始。更一般的，对于每个单元 i，在 [0, 1] 选择一个起点 a，当且仅当

$$a \le r_i < a + \pi_i \qquad (2-5)$$

时，单元入样。当 $a + \pi_i > 1$ 时进行循环调整（见图 2-4），即抽取永久随机数满足 $a \le r_i \le 1$ 或者 $0 \le r_i < a + \pi_i - 1$ 的单元。这便是不等概率抽样中常数平移法的基本原理。

我们把 Poisson 抽样的条件写成区间的形式，即抽取永久随机数 $r_i \in$ [a, $a + \pi_i$) 的单元。永久随机数的产生是随机的，即在 [0, 1] 区间均匀分布。如果入样概率 π_i 较大，显然区间 [a, $a + \pi_i$) 会比较大，对应的单元入样的可能性较大。因此在入样概率 π_i 与规模成比例时，Poisson 抽样能有效地实现与规模成比例的不等概率抽样。

Poisson 抽样方法的优点主要表现在两个方面：第一，Poisson 抽样将入样概率引入到抽样调查中，是严格的与规模成比例的不等概率抽

样。Poisson 抽样的入样概率有非常好的性质，即两个不同单元的入样概率等于它们分别入样概率的乘积，也就是说 $\pi_{ij} = \pi_i \pi_j$。于是很容易得到方差估计量。第二，Poisson 抽样非常适合用于需要样本兼容的调查。因为永久随机数与调查单元有唯一确定性，因此通过控制永久随机数就很容易控制样本的兼容问题。但是 Poisson 抽样有两个弱点：第一，Poisson 抽样忽略了规模小的单元，规模小的单元很难进入样本。在连续调查中即使规模小的单元进入了样本，也会很快被轮换出样本。于是减弱了对小的单元进行 panel 研究的可能性。第二，Poisson 抽样实现的样本量是随机样本量。Poisson 抽样中，实现的样本量不确定，有时甚至会出现样本量是零的情况。出现空样本的概率：

$$\Pr(m=0) = \prod_{i=1}^{N}(1-np_i) = \left(1-\frac{n}{N}\right)^N \qquad (2-6)$$

只有当出现空样本的概率 $\Pr(m=0) \leqslant e^{-n}$ 时，才能认为该次调查出现空样本的概率可以忽略，可以实施 Poisson 抽样。在分层抽样中，如果记 N_h 为层规模，n_h 为该层的期望样本量，m_h 为该层实现的样本量，则该层出现空样本量的概率：

$$\Pr(m_h=0) = \left(1-\frac{n_h}{N_h}\right)^{N_h} < e^{-n_h} \qquad (2-7)$$

分层抽样将总的样本量分配到各层，各层样本量变动可能会导致期望样本量的偏移。有些层会出现样本量很小的情况，这时有可能导致概率 $\Pr(m_h=0)$ 会非常显著。此时难以保证该层不出现空样本。同时 Poisson 抽样的样本量往往是根据估计精度的要求来确定的，在样本量不能确保达到抽样设计的要求时，估计精度显然不能得到保证。

前面已经提到，Bernoulli 抽样是 Poisson 抽样的等概率抽样的特例，即总体中所有的单元都赋予相同的入样概率 $\pi_i = f = \frac{n}{N}$。于是，Poisson 的有关特点在 Bernoulli 抽样中也会体现，如 Bernoulli 抽样实现的样本量也是以期望样本量为期望的随机变量，抽样过程也可能产生空样本等。有许多可用的方法解决 Poisson 抽样的随机性问题，如奥格斯和克拉克（Ogus and Clark, 1971）提出的修正 Poisson πps 抽样。在此抽样过程中，先从总体中抽取一个 Poisson πps 样本。如果样本为空，抽取第二个 Poisson 样本，直至出现非空样本。更常规的解决随机样本量问题的方法则是我们随后将要提到的序贯 Poisson 抽样方法。

只有在取得空样本的概率可以忽略的情况之下才可以使用 Poisson 抽样。对于 Poisson 抽样中的总体总量指标 Y 采用 Horvitz – Thompson 估计量进行估计:

$$\hat{Y}_{HT} = \frac{1}{n} \sum_{i \in s} \frac{y_i}{p_i} \qquad (2-8)$$

可以证明估计量 $\hat{Y}_{HT}$ 是总体总量指标 Y 的无偏估计量。$\hat{Y}_{HT}$ 的方差很容易得到 (Sarndal et al. , 1992):

$$Var(\hat{Y}_{HT}) = \frac{1}{n} \sum_{i=1}^{N} (1 - np_i)\left(\frac{y_i}{p_i}\right)^2 p_i \qquad (2-9)$$

如式 (2-8) 所示,通常情况下 Poisson 抽样的精度很低,布鲁尔等 (1972) 给出了自然的替代比估计量:

$$\hat{Y}_R = \begin{cases} \dfrac{1}{m} \sum_{i \in s} \dfrac{y_i}{p_i} & \text{if} \quad m > 0 \\ 0 & \text{if} \quad m = 0 \end{cases} \qquad (2-10)$$

因为当实现的样本量 m = 0 时,$\hat{Y}_R$ 的值为 0,因此认真设计估计量还是很有必要的。我们注意到 $\hat{Y}_R$ 是使用向量 p 为辅助变量的常规比估计量。因此沙恩达尔等 (1992) 的式 (2-2) 的结果可用于如下 $\hat{Y}_R$ 方差的近似表达式:

$$Var(\hat{Y}_R) = \frac{1}{n} \sum_{i=1}^{N} (1 - np_i)\left(\frac{y_i}{p_i} - Y\right)^2 p_i \qquad (2-11)$$

公式 (2-11) 中,用 0 代替 Pr(m = 0)。为了得到置信区间,我们还必须进一步知道 $\hat{Y}_R$ 近似正态分布。在一般条件下,Poisson 抽样的估计量 $\hat{Y}_R$ 近似服从均值为 Y 方差为式 (2-11) 的方差 Var($\hat{Y}_R$) 的正态分布。关于估计量的问题我们这里只给出常规的结果,之后我们将在第 6 章进行详细的研究。

2.3.2 序贯 Poisson 抽样方法 (Sequential Poisson Sampling)

Poisson 抽样是从有限总体中抽取与规模成比例的样本的简单方法。它可以提供一个在保持与前期样本有尽可能多的相同单元的基础上更新样本,或者在不同的调查之间相同的单元尽可能少的简单方法。Poisson 抽样的一个弱点就是随机样本量。我们在 Poisson 抽样中引入序贯抽样的思想，将 Poisson 抽样的样本量确定下来，我们称其作序贯 Poisson 抽样。该抽样方法是为瑞典的消费价格指数调查（the Swedish Consumer Price Index, CPI）而设计的，自 1989 年序贯 Poisson 抽样代替了 Poisson 抽样作为瑞典的消费价格指数（CPI）调查的主要抽样方法（Ohlsson, 1990）。

1. 序贯抽样的基本思想

序贯抽样的基本思想是计算总体每个单元的排序变量值，然后由排序变量值最小的 n 个单元构成样本。从定义上看，样本量对于所有可能的样本都是相同的。序贯抽样可以用以下三步的规则进行定义：

（1）计算单元 i 的排序变量值，记作 ξ_i，i = 1，…，N；

（2）将总体按照 ξ_i 由小到大的排序；

（3）定义排序总体中的最初 n 个单元构成样本。

2. 序贯 Poisson 抽样的基本原理

序贯 Poisson 抽样技术的提出，旨在解决 Poisson 抽样中样本量不确定的问题。Poisson 抽样是抽取所有永久随机数 r_i 小于入样概率 π_i 的单元。而入样概率可以通过 $\pi_i = np_i$ 来确定，则 Poisson 抽样实际上是抽取 $r_i < np_i$ 的单元。只要单元存在，有 $p_i > 0$，两边除以 p_i，于是 Poisson 抽样的条件就变成 $\dfrac{r_i}{p_i} < n$。为了保证样本量的确定性，将总体按照 $\dfrac{r_i}{p_i}$ 排序，抽取前 n 个单元即可，这种抽样技术就是序贯 Poisson 抽样技术。

根据以上关于序贯 Poisson 抽样原理的阐述，我们对序贯 Poisson 抽样作如下定义。从永久随机数 r_i 构造排序变量：

$$\xi_i = \frac{r_i}{p_i} \tag{2-12}$$

将抽样框中所有的单元按照排序变量 ξ_i 进行排序，抽取最初的 n 个单元构成的样本，这种抽取样本的方法被称作序贯 Poisson 抽样。与 Poisson 抽样的规则相比较，Poisson 抽样是抽取 $\xi_i < n$ 的单元，如图 2-6 所示；而序贯 Poisson 抽样则是抽取有最小的 ξ_i 的 n 个单元构成样本，如图 2-7 所示。

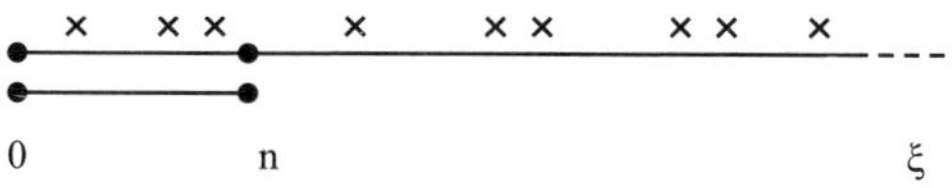

图 2 – 6　使用排序变量进行 Poisson 抽样

图 2 – 7　序贯 Poisson 抽样的原理

当采用序贯 Poisson 抽样时，我们不需要将辅助变量标准化，使其满足式（2 – 2）。因为在序贯 Poisson 抽样中，辅助变量 p 只是用来计算转化随机数 ξ_i，p_i 乘以常数将不会改变抽样框中单元按照 ξ_i 的排序，也就是说不会改变序贯 Poisson 抽样的样本。

序贯 Poisson 抽样是为了在尽量保持 Poisson 抽样性质的前提下将样本量确定下来而产生的。Poisson 抽样是与规模成比例的抽样方法，希望规模较大的调查单元入样的可能性也较大。从序贯 Poisson 抽样的排序变量的表达式不难看出，由于永久随机数 r_i 在 $[0，1]$ 均匀分布，于是单元的入样概率 π_i 越大则排序变量 ξ_i 的值越小，这就是我们抽取最初的 n 个单元构成样本即可实现不等概率抽样的原因。

对于 Poisson 抽样中抽样起点 $a \neq 0$ 的情形。在构造有固定样本量的序贯 Poisson 抽样方法时，通常先转化永久随机数，使 Poisson 抽样的起点归零，即设定新的随机数 $r_i' = r_i - a$，如果 $r_i' < 0$ 则进行循环调整，令 $r_i'' = r_i' + 1$。于是在 Poisson 抽样中抽取 $a \leq r_i < a + \pi_i$ 的单元相当于在新的随机数条件下抽取 $0 \leq r_i' < \pi_i$ 的单元，接下来再计算排序变量 $\xi_i = \dfrac{r_i'}{p_i}$，将抽样框重新排序后，抽取最初的 n 个单元构成样本。

3. 序贯 Poisson 抽样的优势

（1）序贯 Poisson 抽样是有固定样本量的、近似的与规模成比例的不等概率抽样方法。序贯 Poisson 抽样技术使 Poisson 抽样的样本量确定下来，是有固定样本量的与规模成比例的不等概率抽样方法。由它们的抽样条件可以看出，如果 Poisson 抽样实现样本量 n，则序贯 Poisson 抽样一定能实现样本量 n，此时两种抽样方法重合。很多情况下两种抽样方法得到的样本量不同，于是序贯 Poisson 抽样不再是严格的 Poisson 抽样，也就不再是严格的与规模成比率不等概率抽样。序贯 Poisson 抽样的一个问题是不能找到准确地描述单元的入样概率的方法。因此在序贯 Poisson 抽样中采用 Horvitz - Thompson 估计量不能再产生无偏的结论。但是通过序贯 Poisson 抽样和 Poisson 抽样的关系，序贯 Poisson 抽样是近似的与规模成比例不等概率抽样。

（2）序贯 Poisson 抽样过程中可以顺序消除目标总体外单元。序贯 Poisson 抽样的另一个优点是，即使抽样框中包含目标总体外单元，序贯 Poisson 抽样也可以取得固定样本量的目标总体内单元。在抽样调查中，很多情况下我们只能得到比目标总体大的抽样框，此时在抽样框中包含很多目标总体外单元，我们不能直接从抽样框中剔除，或者从抽样框中剔除需要耗费很多的人、财、物力，很不经济。使用序贯 Poisson 抽样，如果抽到的单元是目标总体外单元，则剔除该单元，继续抽取，直至得到固定样本量的目标总体内单元的样本。由于随机数的独立性，实现的"净样本"恰好是从潜在的目标总体内单元构成的抽样框中抽取的样本。传统得到固定的净样本的技术是两阶段抽样，该抽样方法一方面费用比较高；另一方面也不利于实现样本兼容。而序贯 Poisson 抽样技术不仅能够在实现同种调查的样本兼容，同时也能与其他调查的样本兼容。

4. 序贯 Poisson 抽样的弱点

（1）序贯 Poisson 抽样不再是严格的与规模成比例不等概率抽样。从抽样原理上不难看出（见图 2 - 6 和图 2 - 7），序贯 Poisson 抽样只是近似的 Poisson 抽样，由于 Poisson 抽样样本量的随机性，很难得到序贯 Poisson 抽样的调查单元的入样概率，因此在后续的估计阶段，其估计方法只能是近似的估计，很难找到严格的估计公式。

（2）序贯抽样的样本兼容问题相对比较复杂。与序贯 Poisson 的特点相适应，序贯 Poisson 抽样中实现的样本重叠量也是确定的样本量。在实现样本兼容时，序贯 Poisson 抽样方法虽然是 Poisson 抽样方法的变形，但是二者有一定的区别。从直观上看，永久随机数是均匀分布的，将抽样框按照排序变量 $\xi_i = \dfrac{r_i}{p_i}$ 由小到大的顺序排队，单元的相对规模 p_i

越大排序变量 ξ_i 越小，排在前面的可能性越大。但是在实际工作中随机数之间的差异往往没有调查单元的相对规模之间的差异大。从排序变量的计算不难看出，单元的相对规模 p_i 越小，排序变量 ξ_i 越大，于是排在后面的可能性越大。而采用抽样起点平移的方法实现样本兼容时，不妨考虑极端的情形，抽取最后的 n 个单元构成样本，在这个样本中很难找到相对规模较大的单元，也就是说此时的抽样调查已经不能体现与规模成比例的不等概率抽样的思想。而在 Poisson 抽样中，平移抽样区间，如要求两个调查达到样本重叠率 o 则抽取永久随机数满足 a + (1 − o)$\pi_i \leqslant r_i <$ a + (2 − o)π_i 的单元（o 为期望的样本重叠率），虽然抽样起点发生了改变，但是抽样区间的跨度并没有变，始终是单元的入样概率，也就是说单元入样的可能性仍然是由其入样概率决定的，因此抽样的性质保持不变。

2.3.3　不等比率序贯 Poisson 抽样方法（Odds Ratio Sequential Poisson Sampling）

不等比率序贯 Poisson 抽样技术是萨韦德拉（1995）提出的序贯 Poisson 抽样技术的修正方法。这种方法主要是对排序变量的修正。该方法是基于不等比率往往比与规模比例更为有效的经验。在不等比率序贯 Poisson 抽样方法中，采用如下公式计算排序变量：

$$\xi_i = \frac{r_i(1 - \pi_i)}{\pi_i(1 - r_i)} \tag{2 - 13}$$

在与萨韦德拉（1995）提出了不等比率序贯 Poisson 抽样的同时，罗森（Rosen）从理论上提出了这一过程。罗森研究了一系列的抽样技术，发现在所有的抽样方法中最优的方法就是等同于不等比率序贯 Poisson 抽样方法，他称之为 Pareto 抽样。

如果 Poisson 抽样产生的样本量等于入样概率之和，也就是说当 Poisson 抽样产生的样本量等于抽样设计时按照估计精度要求确定的样本量时，那么 Poisson 抽样、序贯 Poisson 抽样、不等比率序贯 Poisson 抽样将产生完全相同的样本。显然，与序贯 Poisson 抽样方法一样，不等比率序贯 Poisson 抽样方法不再是严格的与规模成比率不等概率抽样，其通常采用的估计方法不再是严格的无偏估计量。但是萨韦德拉曾进行过测算，罗森从理论的角度进行过证明，他们都认为在现有的方法中不等比率序贯 Poisson 抽样是最优的方法。

2.3.4 配置抽样与抽样框修匀

1. 配置抽样的基本原理

另一个缩小但不是消除 Poisson 抽样样本量变化的方法是使用配置抽样（Collocated Sampling，Brewer et al.，1972，1984）。所谓的配置是指随机数的配置，而不是样本的配置。

配置抽样是将抽样框的单元随机排序，给定单元 i 的顺序为 L_i，与调查单元相独立，从 [0，1] 均匀分布中抽取单个的随机数 ε，对于每个单元定义：

$$R_i = \frac{L_i - \varepsilon}{N} \qquad\qquad (2-14)$$

用与式（2-5）Poisson 抽样相同的抽样规则抽取期望样本量为 n 的样本，其中以 R_i 代替永久随机数 r_i。因为 R_i 在 [0，1] 区间等距离分布，配置抽样"实质上减少了样本量的变化，特别是减少了抽到空样本的可能性"（Brewer et al.，1984）。这一过程满足式（2-2），是严格的与规模成比例抽样。

由于在配置抽样中，首先要对单元进行随机排序。与永久随机数法抽样技术相结合，我们考虑先对调查单元赋予永久随机数，而后对随机数进行排队，从而实现了单元的随机排序，此时 $L_i = rank(r_i)$，其中 r_i 为单元的永久随机数。布鲁尔等（1972，1984）提出，为实现样本兼容，R_i 可以起到永久随机数的作用。可以看作是对原始随机数的修匀或者称作等距离调整。需要注意的是，由于随机数进行了调整，所以有新的单元产生时，与之相随的随机数不能直接用于抽样过程，而需要对所有单元的随机数重新进行调整。显然，每当有单元产生时都要调整随机数。为了保证随机数的永久性，要坚持单元的原始随机数与调查单元一一对应。每次都要从原始的随机数进行调整，否则难以保证随机数的永久性。因此该方法不适用于对变动较大的总体的调查。

序贯 Poisson 抽样和配置抽样的异同可以从它们的抽样规则中看出。

序贯 Poisson 抽样是抽取满足 $rank\left[\dfrac{r_i}{Np_i}\right] \leqslant n$ 的单元，而配置抽样是抽取

满足 $\dfrac{rank(r_i) - \varepsilon}{Np_i} \leqslant n$ 的单元。两种抽样过程在 p_i 相等时都是序贯无放

回简单随机抽样，因此都可以看作是序贯无放回简单随机抽样在与规模
成比例概率抽样中的推广。

2. 抽样框修匀问题

我们知道，永久随机数在 [0，1] 均匀分布，这意味着调查单元
均匀分布。但是由于随机数的产生是完全随机的，实际抽样框中的调查
单元的分布有可能并不完全是均匀分布，尤其是在抽样框不是很大的情
况下，很容易产生永久随机数扎堆的情形。在配置抽样的启发下，当前
关于抽样框中的永久随机数的修匀方法主要有两种，

（1）$r_i' = \dfrac{(e + L_i)}{N}$；

（2）$r_i' = \dfrac{(L_i - e)}{N}$。

其中，$L_i = 1，2，3，\cdots，N$，是调查单元在总体按照永久随机数排序时
的序号，e 是来自 [0，1] 上的均匀分布，N 是抽样框中调查单元的总
量，上述处理的目的是使调查单元的永久随机数在 [0，1] 上的分布
更均匀。笔者认为，在 N 很大的情况下，来自 [0，1] 之间的 e 对于
r_i' 的影响并不大，于是笔者考虑直接使用 L_i 进行调整，使 $r_i' = \dfrac{L_i}{N}$。

我们知道，永久随机数法抽样技术强调永久随机数的唯一确定性，
在同一次调查中，同一调查单元只能有唯一的永久随机数，尤其是在经
常性调查中，如我国的规模以下工业企业调查、农村抽样调查等，永久
随机数与调查单元有终身唯一确定性，并且该随机数随着单元的产生而
产生，随着单元的消亡而消失。这一特点对于实现多目标抽样、多层次
调查以及样本轮换有重要意义。对于抽样框随时间发生变动的情形，尤
其是在连续性抽样调查中，由于不断有新的单元产生和旧的单元消亡，
N、L_i 都会不断地发生变动，于是 r_i' 也随之不断变动。这里我们保持原
始的永久随机数 r_i 与调查单元有唯一确定性，即在有新的单元产生时随
之产生新的永久随机数，有旧的调查单元消亡时则与之对应的原始永久

随机数也随之一并剔除，在新的调查中重新排序并计算 r_i'，r_i' 作为参与下面的抽样过程的随机数。如此操作，第一，保证了原始永久随机数 r_i 与调查单元有唯一确定性；第二，使永久随机数在 [0，1] 间的分布更为均匀；第三，有效地实现了抽样框的更新。而对于抽样框经常随时间发生较大变动的情形，直接采用随机产生的来自 [0，1] 区间的随机数也是可行的。

2.4 永久随机数法抽样技术的新发展——PoMix 抽样方法

Poisson 混和抽样（Poisson Mixture sampling，PoMix）是指一组用于高度偏斜的总体永久随机数法抽样技术。传统的 Poisson πps 抽样是 PoMix 抽样的一个特例。在高度偏斜总体的调查中，PoMix 抽样相对降低了规模很大的调查单元的入样概率，提高了规模很小的调查单元的入样概率，于是缩小了在估计过程中规模大的单元和规模小的单元的权数的差异。当使用常规的估计量，PoMix 抽样方案会得到比 Poisson πps 抽样小得多的方差。

2.4.1 PoMix 抽样方法的基本原理

PoMix 抽样是由克罗格、沙恩代尔和泰伊卡里（Kroger，Sarndal and Teikari，1999）提出的，是用于调查中常见的偏斜总体的一种调查方法。每一种 PoMix 方法可以看作两种传统的 Poisson 抽样的结合：Bernoulli 抽样（总体中的所有单元都有固定的入样概率的 Poisson 抽样）和 Poisson πps（入样概率与总体规模的测度严格成比例的 Poisson 抽样）。PoMix 抽样实际上采用由固定概率和与规模成比例入样概率的组合而成的入样概率的 Poisson 抽样。PoMix 抽样更加适合高度偏斜的总体的调查，而且可以产生比 Poisson πps 抽样更精确的估计量，而传统的 Poisson πps 抽样只有在入样概率与规模的测度有很强的相关性的条件下才能实现有较好的估计量。

假定目标抽样框中有 N 个单元，U = {1，2，…，N}。给每个单元赋予一个永久随机数，记作 r_i。以 Y 表示调查变量，y_i 表示第 i 个单元的变量值，以 X 记辅助变量，x_i 为辅助变量值。我们希望用 PoMix 抽样从抽样框 U 中抽取样本 S 估计抽样框的调查变量 Y 的总量指标 $Y = \sum_U y_i$（对于任意组单元组 C，$C \subseteq U$，$\sum_C y_i$ 是 $\sum_{i \in C} y_i$ 的简写）。PoMix 产生一个随机样本量的样本 S。PoMix 抽样方法可以用一个连续参数 B，即 Bernoulli 宽度（Bernoulli width）来表示，$o \le B \le f$，其中 $f = \frac{n}{N}$，是事先确定的期望抽样比。以 x_i 记调查单元的规模测度，如企业 k 雇用的员工的数量。定义单元 i 的相对规模 $A_i = \frac{nx_i}{\sum_U x_i}$。我们假定对所有的 $i \in U$ 都有 $A_i < 1$。如果期望的样本量很大或者单元的规模很大不能满足这一点的话，我们将规模很大的单元归入确定性单元层"必选单元层"，直至剩下的单元重新计算入样概率时，所有单元的入样概率都小于 1。在 $A_i = \frac{nx_i}{\sum_U x_i}$ 中 U 和 n 分别指入样概率小于 1 的剩余总体和剩余的期望样本量。

正如克罗格、沙恩代尔和泰伊卡里（1999）所提出的那样，在已知抽样比 f 和 Bernoulli 宽度 B（$o \le B \le f$）时（关于 B 的值的确定问题当前没有统一的说法，经验之谈通常确定在 0.2f 到 0.5f 之间）。定义并计算 PoMix 抽样的入样概率：

$$\pi_i = Pr(i \in S) = B + (1 - Q)A_i \qquad (2 - 15)$$

其中 $Q = \frac{B}{f}$。接着每个单元进行一次 Bernoulli 实验，第 i 个单元成功（选中）的概率为 $\pi_i = B + (1 - Q)A_i (i = 1, \cdots, N)$。抽样的结果，对于任意 $B \in [0, f]$，都会产生一个期望为 $\sum_U \pi_i = n$ 的随机样本量的样本。显然 Poisson πps 抽样和 Bernoulli 抽样分别是 PoMix 抽样的极端情形，其中 Poisson πps 抽样是 B = 0 的特例，而 Bernoulli 抽样是 B = f 的特例。当 B 显著的大于 0 时，所有单元的入样概率都会显著大于 0，这样就可以避免非常大的权数 $\frac{1}{\pi_i}$ 出现。PoMix 抽样是一种有特定的入样概率的 Poisson 抽样，那么根据 Poisson 抽样的规则，抽取永久随机数小于入样概率的单元入样，即如果 $r_i < \pi_i = B + (1 - Q)A_i$，则单元 i 入样。

抽样原理见图 2 - 8。由图 2 - 8 不难看出，当永久随机数 $r_i \leqslant B$ 时，单元全部入样；当 $B < r_i \leqslant 1$ 时，满足 $A_i \geqslant \dfrac{r_i - B}{1 - Q}$ 的单元入样。

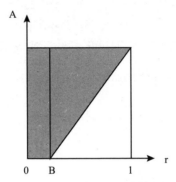

图 2 - 8   PoMix 抽样方法的基本原理

将式（2 - 15）的入样概率进行线性转化，不难得到：

$$\pi_i = Q\pi_i^{BE} + (1 - Q)\pi_i^{\pi ps} \qquad (2 - 16)$$

其中 $Q = \dfrac{B}{f}$ 是混和比率，在 Bernoulli 抽样中对于所有的 $i \in U$ 有 $\pi_i^{BE} = f$，在 Poisson πps 抽样中有 $\pi_i^{\pi ps} = A_i = \dfrac{nx_i}{\sum_U x_i}$。于是得到式（2 - 17）：

$$\pi_i = Qf + (1 - Q)A_i \qquad (2 - 17)$$

由式（2 - 17）不难看出，PoMix 抽样的入样概率是 Bernoulli 抽样和 Poisson πps 抽样的入样概率的线性组合，而 Bernoulli 抽样和 Poisson πps 都是 Poisson 抽样，Poisson 混和抽样因此而得名。

由于 PoMix 抽样是有特定的入样概率的 Poisson 抽样，因此与 Poisson 抽样相类似的，PoMix 抽样的起点也不一定非要从 0 开始。更一般的，对于每个单元 i，在 [0, 1] 选择一个起点 a，当且仅当 $a \leqslant r_i \leqslant a + \pi_i$ 时，单元入样。当 $a + \pi_i > 1$ 时，进行循环调整 [见图 2 - 2（b）]，即抽取永久随机数在 [a, 1] 以及 [0, $a + \pi_i - 1$) 的单元构成样本。

2.4.2   关于 PoMix 抽样方法的思考

对于 Poisson 抽样采用的常规扩展估计量是 Horvitz - Thompson 估计

量，但该估计量通常情况之下精度较低，这正是虽然 Poisson 抽样方法有很好的样本兼容的性质，但其应用仍有一定的局限性的原因。当前有很多专家在讨论 Poisson 抽样的估计方法。克罗格、沙恩代尔和泰伊卡里 (1999) 研究了在 PoMix 抽样时的几个比估计量，发现如果式 (2 - 15) 中的参数 B 固定在显著大于 0 的值上，那么与 Poisson πps (B = 0) 相比将会相当大的缩小方差。我们称此为 PoMix 抽样的方差优势。克罗格、沙恩代尔和泰伊卡里 (1999) 采用高度偏斜的芬兰商业调查数据进行模拟研究发现，比估计量在 B 约等于 0.3f 时，相对于 B = 0 的情况有 50% 的方差优势。模拟也测算了 Horvitz - Thompson 估计量，发现相对于 HT 估计量，比估计量的精度能显著提高。这说明了这样一个问题，为了提高抽样调查的效果，在抽样阶段 (抽样方案) 和估计阶段 (估计公式) 都要充分利用辅助信息，一方面使抽样过程更具科学性并使操作过程进一步简化，另一方面也可以有效地提高估计精度。

　　PoMix 抽样是采用 Bernoulli 抽样的入样概率和 Poisson πps 的入样概率相结合的 Poisson 抽样方法，因此具有 Poisson 抽样方法的特征，实现的样本量是随机样本量。在采用 HT 估计量时，随机样本量的方法相对于固定样本量的方法得到的样本的精度较高。随机样本量对于包括比估计在内的广义回归估计量 (GREG) 不会有本质的影响。前面在讨论序贯 Poisson 抽样方法时提到过随机样本量对抽样调查的影响，因此很多使用者偏向于使用产生固定样本量的抽样过程。需要注意的是，由于无回答等问题的影响，即使最终确定的是固定样本量的方法，也不能保证所有的样本单元都参与到最后的测算，因此在设定样本量问题时，要充分考虑到这一因素，适当扩大样本量。

　　关于随机样本量的处理常规的方法是引入序贯抽样的思想。在奥莱森 (1995，1998)、罗森 (1997a，1997b) 以及其他人在最近的关于序贯抽样的研究的启发下，我们考虑从 PoMix 抽样的入样概率出发，引入序贯抽样技术的思想，构造各种固定样本量的 PoMix 抽样。

2.4.3　与序贯抽样相结合的 PoMix 抽样方法

1. 排序变量的计算

序贯抽样的中心思想是计算总体每个单元的排序变量值，然后由排序变量最小的 n 个单元构成样本。单元 i 的排序变量值是永久随机数 r_i 和其规模测度的函数，可能会有多个排序变量。奥莱森（1995）使用排序变量 $\xi_i = \xi_{1i}$，其中，$\xi_{1i} = \dfrac{r_i}{A_i}$，即我们之前谈到的序贯 Poisson 抽样。罗森（1997a，b）以减小 HT 估计量的方差为目标而使用 $\xi_i = \xi_{2i}$进行排序，其中 $\xi_{2i} = \left[\dfrac{r_i}{(1-r_i)}\right]\left[\dfrac{A_i}{(1-A_i)}\right]^{-1}$，并称之为 Pareto πps 抽样，罗森通过数据模拟计算发现，采用 HT 估计，Pareto πps 抽样结果比序贯 Poisson 抽样有更小的方差。

2. PoMix 抽样与序贯抽样的结合

我们将序贯抽样的思想引入到 PoMix 抽样之中，构造有固定样本量的 PoMix 抽样。我们定义修正的相对规模 $A_{mod,i} = B + (1-Q)A_i$ 的函数的排序变量 ξ_i，其中，$A_{mod,i}$是在 PoMix 抽样中单元 i 的入样概率。从入样概率的公式不难看出，当 B = 0 时，$A_{mod,i} = A_i$，PoMix 抽样简化成 Poisson πps 抽样；当 B = f 时，PoMix 抽样简化成 Bernoulli 抽样。

我们可以根据序贯 Poisson 抽样的原理构造固定样本量的 PoMix 抽样，称之为序贯 PoMix 抽样。基本思路如下：首先构造排序变量，$\xi_i = \xi_{1mod,i}$，i = 1，…，N，其中，$\xi_{1mod,i} = \dfrac{r_i}{A_{mod,i}}$；其次按照排序变量进行排序；抽取排序后的样本中排序变量最小的 n 个单元构成样本。从入样概率的条件中不难看出，当 B = 0 时，序贯 PoMix 抽样简化成序贯 Poisson 抽样；当 B = f 时，序贯 PoMix 抽样简化成序贯 srswor 抽样。

我们也可以根据 Pareto πps 抽样的原理构造有固定样本量的 PoMix 抽样，可称之为 Pareto PoMix 抽样。该抽样方法的基本思路与序贯 PoMix 抽样的基本思路一致，区别只在与计算的排序变量不同。Pareto PoMix 抽样的排序变量定义为 $\xi_i = \xi_{2mod,i}$，其中，$\xi_{2mod,i} = \left[\dfrac{r_i}{(1-r_i)}\right]\left[\dfrac{A_{mod,k}i}{(1-A_{mod,i})}\right]^{-1}$。Pareto πps 抽样是 B = 0 时的特例。

如果采用的 PoMix 抽样起点不是从 0 开始，而是 [0，1] 的任意起点 a，则与序贯 Poisson 抽样的处理相一致的，需要首先调整永久随机数，令 $r_i' = r_i - a$ 代替 r_i 如果 $r_i - a < 0$ 则以 $r_i' = r_i - a + 1$。以 r_i'代替永久随机数 r_i 参与计算排序变量 $\xi_{1mod,i}$和 $\xi_{2mod,k}$并参与之后的抽样过程。

2.4.4　PoMix 抽样的特点

PoMix 抽样是传统的 Poisson 抽样方法的改进和发展。它除了具备传统的 Poisson 抽样的优点以外，其自身特有的优点主要表现在以下几个方面：

（1）PoMix 抽样兼顾了 Bernoulli 抽样和 Poisson πps 抽样的特征，相对提高了规模很小的单元的入样的可能性，相对降低了规模很大的单元的入样的可能性。

在传统的 Poisson 抽样中，规模很小的单元很难入样，而且在样本轮换中很容易轮换出样本，因此在调查过程中很容易忽略规模较小的单元。从 PoMix 抽样的入样概率 $\pi_i = Qf + (1 - Q) A_i$ 的计算中容易看出，入样概率有一个下限，即 $\pi_i > Qf$（只要单元存在就会有 $\pi_i > 0$，所以不取等号），于是永久随机数 $r_i \leqslant Qf$ 的单元全部入样。永久随机数 r_i 与单元的规模无关，从理论上所有单元在 $[0, Qf]$ 也是均匀分布的，也就是所对于 $r_i \leqslant Qf$ 的单元，不论规模如何，单元都有相同的入样的可能性。当 $Qf < r_i \leqslant 1$ 时，满足 $A_i \geqslant \dfrac{r_i - B}{1 - Q}$ 的单元入样，此时规模越大，单元入样的可能性越大。于是从总体来看，规模很小的单元的入样可能性相对提高。对于固定的目标样本量，规模很大的单元的入样的可能性相应的降了下来，缩小了单元的入样概率之间的差异。这对于注重小规模单元的发展变化情况的调查有非常重要的意义。因此 PoMix 抽样一方面纠正了 Poisson 抽样中忽略了小规模单元的缺点，另一方面又实现了与规模成比例的抽样。

布鲁尔（1963）也曾经提出过在高度偏斜总体中，如何缩小调查单元之间入样概率的差异的方法，即对于单变量调查单元的入样概率 $\pi_i = \dfrac{nx_i^g}{\sum\limits_U x_i^g}$，其中 n 为期望样本量，$x_i$ 为辅助变量值，通常可以用作规模的测度，$0 \leqslant g \leqslant 1$。当 $g = 0$ 时，$\pi_i = \dfrac{n}{N}$，此时采用 Poisson 抽样方法抽取样本即是 Bernoulli 抽样；当 $g = 1$ 时，$\pi_i = \dfrac{nx_i}{\sum\limits_P x_i}$，即与规模成比例的不等概率抽样。如果设定 $\frac{1}{2} < g < 1$，则可以实现缩小规模差异很大的单元的入样概率的差异。但是 Brewer 提出的方法的入样概率的含义很难解释。相比之下 PoMix 抽样的实际含义直观得多。

（2）PoMix 抽样有利于改进估计量。在不等概率抽样中通常采用入样概率的倒数为权数对目标量进行加权估计。在传统的估计中，规模很小的单元很难入样，而且即使入样了也很容易被轮换出样本。但是规模很小的单元一旦入样，由于其入样概率很小，但是其倒数却非常大，于是其在估计中的作用是举足轻重的，很容易导致估计量的偏倚。PoMix 抽样由于相对提高了规模很小的单元的入样概率，所以其在估计中的权数会降低而不至有过大的权数。

由于 PoMix 抽样方法能较好地处理规模较小的单元入样和估计的问题，因此该抽样方法特别适用于高度偏斜的总体的调查。而且相对于传统的调查方法，该方法有更高的估计精度。克罗格、沙恩达尔和泰伊卡里（2003）进行过相应的测算，总体的偏斜程度越大，相对于其他的抽样方法，PoMix 抽样的估计精度越高。

（3）由于入样概率的设定，PoMix 抽样不再是严格的与规模成比例的不等概率抽样。由于入样概率 $\pi_i = B + (1 - Q) A_i$，因此 π_i 不再与规模的测度 A_i 严格成比例，而成了一元回归的关系。从方向的意义来说，二者呈正相关关系，即规模越大，单元入样的可能性越大。

（4）PoMix 抽样不影响 Poisson 抽样优势的发挥。如前所述，Poisson 抽样能有效地解决多目标调查问题，为多层次调查的实现和样本轮换的实现奠定了基础，而且可以引入序贯抽样的思想解决随机样本量问题。PoMix 抽样的思想只是在其入样概率上进一步进行调整，Poisson 抽样的其他优势都可以照常发挥。

2.5　永久随机数法抽样技术述评

2.5.1　永久随机数法抽样技术的分类

永久随机数法抽样技术通常有两种分类方法：按入样概率分类（如

前所述）和按照样本量是否确定分类。

（1）按照入样概率分类，永久随机数法抽样技术主要可以分成等概率抽样技术和不等概率抽样技术（见图 2 - 9）。

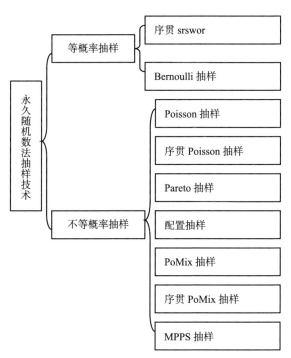

图 2 - 9　永久随机数法抽样技术按入样概率分类

在总体单元规模差别不大时，人们通常采用等概率抽样方法。如前所述，等概率抽样方法主要有序贯 srswor 和 Bernoulli 抽样两种抽样方法。这两种方法原理简单，操作方便，能够保证抽样的随机性，而且比较容易实现样本的兼容。

在总体单元规模有显著差异时，可采用 Poisson 抽样、序贯 Poisson 抽样、不等比率序贯 Poisson 抽样、配置抽样、PoMix 抽样等技术，第 3 章中我们将讨论与规模成比例的不等概率抽样技术，在国内通常称其为 MPPS 抽样，这是一种在入样概率设定时需要兼顾多个调查目标的 Poisson 抽样。在上述不等概率抽样中，Poisson 抽样和配置抽样是严格的与规模成比例不等概率抽样方法，其他抽样技术虽然不是严格的与规模成比率不等概率抽样，但是抽样过程也能体现入样概率与规模大小成比例的思想，而且能保证确定的样本量，所以更易为实际工作所接受。

（2）按照样本量是否确定分类，永久随机数法抽样技术可以分为随机样本量的抽样技术和确定性样本量的抽样技术，这两类抽样技术分别以 Poisson 抽样和序贯 Poisson 抽样技术为代表（见图 2-10）。

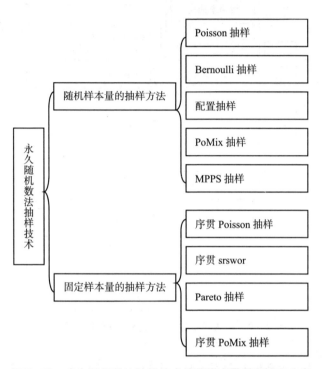

图 2-10　永久随机数法抽样技术按照样本量是否确定分类

随机样本量的抽样技术包括 Poisson 抽样、Bernoulli 抽样、配置抽样、PoMix 抽样、MPPS 抽样等。Bernoulli 抽样抽取样本的等概率抽样是抽取永久随机数 r_i 小于抽样比 f 的单元，相当于是抽取永久随机数 r_i 小于相同的入样概率即抽样比 f 的单元，因此是一种等概率的 Poisson 抽样；配置抽样是在抽样进行之前对永久随机数进行等距离调整，之后再进行 Poisson 抽样；PoMix 抽样是有特定入样概率的 Poisson 抽样；MPPS 抽样是在入样概率的设定中兼顾多个调查目标的 Poisson 抽样。因此上述抽样方法都是有随机样本量的抽样方法。

确定性样本量的抽样技术包括序贯 Poisson 抽样、序贯 srswor 抽样、不等比率序贯 Poisson 抽样、序贯 PoMix 抽样等。序贯 Poisson 抽样、不等比率序贯 Poisson 抽样、序贯 PoMix 抽样的主要区别在于排序变量的计算上，操作原理完全相同。序贯 srswor 将总体单元按照永久随机数 r_i 排队，抽取前 n 个单元构成样本，由于所有总体单元具有相同的入样概率，这相当于是将总体单元按照 $\frac{r_i}{f}$ 排队，因此序贯 srswor 是一种等概率的序贯 Poisson 抽样。

关于是否有必要将抽样调查的样本量确定下来的问题笔者曾与有关专家进行过讨论。有专家认为虽然采用 Poisson 抽样得到的样本量与期望样本量不完全重合，但是二者之间并无很大差异。在抽样框较大，样本量也较大的情况下，没有必要采用序贯 Poisson 抽样方法来使样本量确定下来，而且采用序贯 Poisson 抽样有其弊端，即不再是严格的与规模成比率不等概率抽样，此时采用 Horvitz - Thompson 估计量不再具有无偏的性质。就一次性调查来说，笔者仍坚持序贯 Poisson 抽样优于 Poisson 抽样。虽然抽样调查本身即是以不确定性的样本估计确定性的总体，但是在实际工作中最忌讳的就是不确定性。实际操作的样本量与期望样本量之间的差异是随机变量，差异幅度难以确定，甚至有空样本出现的可能性。样本量直接影响调查精度。采用序贯 Poisson 抽样将样本量确定下来，抽样方法渐近严格的与规模成比例不等概率抽样，抽样过程近似于等概率抽样，操作简单。序贯 Poisson 抽样的主要弱点在于在连续性调查中样本兼容的实现有很大的局限性。本着具体问题具体分析的精神，笔者认为在一次性调查中，如果难以找到调查总体的抽样框，而只能采用比调查总体大得多的抽样框，而且对估计量要求不高的情况下，可以考虑实施序贯 Poisson 抽样，而在经常性调查中，要求实现多级样本兼容，或者要求实施样本轮换，则应采用 Poisson 抽样。

将永久随机数法抽样技术的各种抽样方法分为随机样本量的抽样方法和确定性样本量的抽样方法对于本书的后续研究有重要意义。永久随机数法抽样技术的主要优势在于能有效地实现样本兼容，随机样本量的样本兼容问题和确定性样本量的样本兼容问题有着本质的区别，因此我们在后续研究中，尤其是在不等概率抽样的研究中，按照这种分类方式讨论样本兼容问题，其中随机样本量的抽样方法以 Poisson 抽样为代表，确定性样本量的抽样方法以序贯 Poisson 抽样为代表，其他的抽样方法的样本兼容问题是这两种方法的简单扩展。

2.5.2　永久随机数法抽样技术的特点

1. 永久随机数法抽样技术的实施过程能够体现与规模成比例不等概率抽样的思想

在总体单元规模差别不大时，采用等概率抽样方法简单易行，而且能够保证抽样的随机性。在总体单元规模有显著差异时，可采用 Poisson 抽样、序贯 Poisson 抽样、不等比率序贯 Poisson 抽样、配置抽样、PoMix 抽样、MPPS 抽样等技术。虽然仅有 Poisson 抽样和配置抽样是严格的与规模成比例不等概率抽样方法，但是其他抽样过程也能体现入样概率与规模大小成比例的思想。

2. 永久随机数法抽样技术能对高度偏斜的总体进行有效的调查

对于高度偏斜的总体，为了避免出现估计的偏倚，常规的调查方法是采用目录抽样调查，即将调查总体通过临界点分为两个部分，临界点以上的部分进行全面调查，临界点以下的部分进行抽样调查。关于临界点的确定问题当前讨论的方法主要有分组法、离散系数法、偏度峰度法等。而在 Poisson 抽样中很自然地就体现出目录抽样的思想。Poisson 抽样中计算入样概率 $\pi_i = np_i$，在单元的规模非常大时，会出现 $\pi_i \geqslant 1$ 的情形。在抽样调查中，入样概率达到 1 的单元由于其永久随机数 $r_i \leqslant 1$，因此 $r_i \leqslant \pi_i$，因此该单元当然入样。于是所有的满足 $\pi_i \geqslant 1$ 的单元构成必选单元层，实现了目录抽样。

另外一种适用于高度偏斜总体的方法是 PoMix 抽样。相对于常规的调查方法，PoMix 抽样有较高的精度，而且总体偏斜程度越大，PoMix 抽样相对于传统调查方法的方差优势越大。

3. 永久随机数法抽样技术为有效实现多目标调查奠定了基础

多目标调查的主要难点在于对于同一总体，多个调查目标有多种分布，实际工作要求以尽量少的调查工作兼顾尽量多的调查主题。永久随机数法抽样技术实现多目标调查主要表现在入样概率的选取上，通常通过"取大取小"的原则兼顾多个调查目标的信息。需要注意的是，因为入样概率的选择要兼顾多个变量，破坏了 Poisson 抽样中 $\sum_{i=1}^{N} \pi_i = n$ 的前提条件，因而该方法不再是严格的 Poisson 抽样，估计方法只能通过相应的系数进行调整，以减少实现的样本量与其样本量之间的差异，同时减少估计量的偏倚。在此基础上仍然可以采用序贯 Poisson 抽样、不等比率序贯 Poisson 抽样等抽样方法，以保证样本量达到预先设计的要求。

4. 永久随机数法抽样技术能有效实现多层次调查的样本兼容

永久随机数法抽样技术应用在多层次调查中，能够做到省、地、县三级样本具有很高的兼容性。永久随机数与调查单元有唯一确定性，在多层次调查中，绝大多数前一级的样本单元会落入下一级，也就是说在我国的调查体系中几乎所有的省级样本单元也同时成为地、县两级的样本单元，而地级样本单元也几乎都会成为县级的样本单元，三级样本有很高的兼容性。为满足分级管理的需要，下一级调查在满足上一级调查的基础上适当扩充样本即可满足本级管理的需要。于是可以很大限度地提高样本的利用效率，节约调查成本，合理分摊调查费用，满足分级管理的需要。

5. 永久随机数法抽样技术有利于实现抽样框的维护

由于调查单元与永久随机数有唯一确定性，新的调查单元会与其永久随机数一起不断补充到抽样框中，而消亡的调查单元会与其永久随机数一起从抽样框中消失，于是实现了抽样框的维护。这里需要注意的是，随着抽样框的变动，调查单元的入样概率会发生变化，所以在抽样框有显著变动的情况下，需要重新计算入样概率。

6. 永久随机数法抽样技术能有效实现样本轮换

对于连续性抽样调查，样本轮换是保证调查效率、提高估计精度的重要问题。永久随机数法抽样技术为样本轮换提供了良好的基础。该抽样技术能有效实现样本轮换的基本原理是［0，1］区间可以看作一个循环系统，在选择的终点大于 1 时减去 1，得到的随机数终点就重新落

入［0，1］区间。于是能够有效实现样本轮换。常见的样本轮换方法
包括常数平移法和子样本轮换法等。

2.5.3　永久随机数法抽样技术当前在国内应用的探讨

1. 永久随机数法抽样技术在规模以下工业抽样调查中的应用

2003 版规模以下工业抽样调查的亮点之一是引入了永久随机数法
抽样技术。调查采用的是目录抽样法与等概率抽样法相结合的抽样方
法。原因在于规模以下工业企业呈偏态分布，即规模较大的单元很少，
而规模较小的单元数量很大，因而考虑采用目录抽样方法，用临界点将
总体划分为两部分，临界点以上的单元全面调查，临界点以下的部分采
用永久随机数法等概率抽样调查。该抽样方法的思想与之前的调查方案
一脉相承，主要优点在于操作相对简单，不需要考虑调查单元的入样概
率，主要难点在于临界点的确定。

规模以下工业抽样调查在全国各省（市）都要进行。而各省（市）
根据本省不同的情况进行确定不同的临界点，而且采用不同的方法确定
临界点，结果千差万别，很容易使抽样调查以及之后的目标量的估计中
掺入人为因素。采用目录抽样的原因主要是对于不同规模的调查单元赋
予不同的入样概率，规模大的单元有较大的入样概率，规模小的单元有
较小的入样概率，基于此笔者考虑可以将调查单元的入样概率引入到规
模以下工业抽样调查体系中，进行与规模成比例的概率抽样技术，即
Poisson 抽样。

永久随机数法抽样技术中的 Poisson 抽样技术能实现不等概率抽样，
即使规模大的单元入样概率大，使规模小的单元入样概率小。Poisson
抽样的入样概率通常通过 $\pi_i = np_i$ 来确定，其中 p_i 是第 i 单元的规模占
总体的比重。总体呈偏态分布时，若 $p_i \geq n^{-1}$，则该单元的入样概率
$\pi_i = np_i \geq 1$，而永久随机数 r_i 是取自［0，1］的数值，显然 $r_i < \pi_i$，根
据 Poisson 抽样的原则，该单元必定入样，成为确定性单元，亦即临界
点以上全面调查的单元。此时采用 Poisson 抽样能实现目录抽样。推而
广之，在规模以下工业抽样调查中，可以根据总体的分布情况，确定入
样概率的临界点或者确定调查单元规模占总体比重的临界点，即入样概

率或者规模比重超过临界点的单元全部入样。该临界点的确定需要反复测算，有待于进一步研究。

在规模以下工业抽样调查中采用永久随机数法抽样技术中的 Poisson 抽样技术，一方面可以实现目录抽样对单元的入样概率与规模大小成比例的要求；另一方面也为解决规模以下工业抽样调查中的多目标调查问题、多层次调查问题、样本轮换问题的解决打下了良好的基础。并且该方法可能会开辟一种新的确定临界点的方法，即按调查单元规模的比重确定临界点（该问题有待于进一步探讨）。缺点主要在于 Poisson 抽样要计算每个单元的入样概率，对于数量庞大的规模以下工业企业，其工作量相对较大。但是 Poisson 抽样比目录抽样在实际工作中更具科学性和可操作性，可以减少对目标量估计的偏差，而且能够解决目录抽样难以解决的如多目标调查等问题，因此笔者认为在规模以下工业抽样调查中引入 Poisson 抽样还是非常有价值的。对于 Poisson 抽样得到的样本量不确定而是随机变量的弱点，可以通过序贯 Poisson 抽样等方法进行修正。

2. 永久随机数法抽样技术在我国农业调查中的应用

自 2000 年开始，我国的农产量调查的内容已经包括粮食产量调查、棉花产量调查，还将逐步开展对粮食分品种亩产（如小麦、玉米、稻谷等）和相应的播种面积抽样调查、畜牧业（主要有猪、牛、羊、家禽等）抽样调查、油料抽样调查、糖料抽样调查、水果抽样调查、蔬菜抽样调查、水产抽样调查、乡村从业人员抽样调查等。国家统计局农业调查队在美国农业部（NASS）的大力协助下，引入了永久随机数法抽样技术的多变量与规模成比例不等概率抽样，并在广东等省进行试点，取得了很好的效果，其中也发现了一些问题。本书将在第 3 章讨论多变量与规模成比例不等概率抽样技术。

第 3 章　多目标与规模成比例概率抽样方法研究

抽样调查以其能节省人、财、物力而著称。但即便如此，抽样调查工作的执行和开展的规模往往也比较大。人们在进行调查时，一般来说需要兼顾多个调查指标，于是出现了多目标调查（multi-target survey）问题，有的文献也称作多变量调查（multivariate survey）、多主题调查（multi-subject survey）。如果我们能够找到更合理的解决多目标调查的方法，整个调查过程将会更为合理，工作效率将会进一步提高。

3.1　多目标调查的意义及目前研究的情况

抽样调查按照其估计的指标的数量的多少分为单目标抽样和多目标抽样。单目标抽样是指在调查中估计目标只有一个，即利用一套样本只估计总体的一个目标。多目标抽样也称多变量抽样、多主题抽样，是指在一次抽样调查中估计目标有两个或两个以上，即利用一套样本估计总体的两个或两个以上的目标。传统的抽样调查方法都是围绕单目标理论框架发展的，如各种抽样方法的比较与选择的理论和方法、分层抽样中分层的原则以及样本量在各层的最优配置问题等。但在抽样调查实践中，大部分抽样调查都是多目标调查。多目标调查是统计调查的客观要求。

3.1.1　多目标调查的意义

我国多目标调查问题首先产生于 20 世纪 60 年代农产量抽样调查中

对多种作物品种的抽样调查，以后扩展到 80 年代及其以后的农村经济抽样调查以及人口、贸易、工业等各个领域的抽样调查。在现实生活中，政府系统的抽样调查以及各种市场调查，大多是多目标调查。研究多目标抽样调查，不仅对于解决统计调查的实际问题具有重要的现实意义，而且对于发展和完善抽样调查理论有重要的理论意义。

1. 多目标调查是统计认识社会经济现象的数量表现和规律要求

统计指标是社会经济现象的数量表现。一个指标只能反映现象的一个侧面，要认识现象的全貌，揭示现象的运动规律，必须把反映现象各个方面的统计指标结合起来进行分析研究。因此多目标调查是统计分析所必需的。

2. 多目标调查是提高统计调查经济效益的要求

统计调查的基本要求是用最小的投入获得最大的信息量。一次调查的费用，可以分为固定费用和变动费用两部分。如组织机构的建立、人员的培训、抽样框的制定及样本的抽取、调查表的印制、现场调查的路费等基本属于固定费用，它在调查总费用中通常占有较大的比例。显然，一次调查的调查指标越多，获得的信息量就越大，单元信息量分摊的调查费用就越低，调查的经济效益就越高。多目标调查的经济性主要表现在节省了管理及监督人员共同的成本和样本单元的交通、通讯和调查的成本。共同成本的节省不只对金钱来说显得很重要，对人员的训练也是很有帮助的。

3. 多目标调查是提高统计调查时效性的要求

社会经济现象是不断变化的，统计要对这种不断变化作出及时反映，以供决策之用。因此统计调查必须有时间的要求。多目标调查可以在较短的时间内提供现象多方面的数量表现，大大缩短获取单元信息量所花费的时间。

3.1.2 多目标调查的困难

这里首先定义一下总体。总体可以是单元的集合，也可以是标志值的集合。这里我们取前一种含义，即认为总体是单元的集合。多目标调查对于提高样本利用效率，节约调查费用，全方位反映总体的情况有重要意义。但总体不同的指标有不同的分布结构，这为抽样调查工作的实施造成了困难。主要表现在以下几个方面。

1. 难以选择合理的抽样方式

不同的分布的总体之所以要选择不同的抽样方式，是为了取得较高的估计精度。如简单随机抽样适合于均匀分布的总体，有关标志排队等距抽样适合于线性总体，分层抽样适合于变量值差异较大的总体，整群抽样适合于变量值在群内差异大、群间差异小的总体等。然而在多目标抽样中，不同的调查目标的指标有不同的分布，甚至会有较大差异。在这种情况下，适合于某一指标的抽样方式（即对该调查变量由较小的抽样误差）可能对其他指标（变量）产生较大的抽样误差。如何选择一套样本，使得各目标的抽样误差都达到最小或较小，是目标抽样设计中的最大难题。

2. 样本量的确定存在困难

样本量涉及总体的估计精度和调查费用，因而是一个至关重要的问题。前已述及，在多目标调查中，同一总体不同指标有不同的分布，各分布的离散程度不尽相同，甚至差异很大。而根据简单随机抽样（在总体单元的数量 N 很大时），样本量的确定公式 $n = \dfrac{t^2 S^2}{d^2}$（其中，t 为概率保证度，S^2 为总体方差，d 为最大允许绝对误差）可知，样本量和总体方差成正比。目前通行的方法是取多目标中离散程度最大的指标确定样本量，也就是取单个指标计算的样本量中最大的样本量。这当然不可避免的造成了调查费用的浪费。

3. 估计量的选择有争议

多目标问题研究中多以简单估计量或者单一估计量进行估计。实际上，估计量只对个别指标发生作用，具有较大的灵活性。在同一抽样方式下，可以对各指标构造不同的估计量，以适应具有不同分布的总体。

3.1.3 多目标调查研究的主要成果

随着抽样调查在调查领域中起着越来越重要的作用，抽样技术在应用及理论领域都有了较大的发展。多目标调查问题研究成果主要表现在两个方面：一是抽样方法方面；二是估计方法方面。

1. 多目标分层抽样法

在多目标调查中用到的抽样方法主要有复合分层、聚类分层等方法。

复合分层是指在调查时，对每一个调查变量选定一个与该变量相关的辅助变量，按层内方差最小的原则对总体进行分层；在每个层内，再选一个辅助变量对该层按照层内方差最小的原则进行分层，以此类推，形成对总体的复合分层。该方法简便易行，但只适合于调查目标较少（或者虽然调查目标多，但由于部分调查变量之间存在较高的线性相关关系，因此这部分具有较高的线性相关关系的目标量可以共用一个辅助变量进行分层，因此用于分层的辅助变量较少）的条件下使用，如果用于分层的辅助变量很多，总层数就会太多，当总层数大于样本量时，这种方法就不能实施了。

将多元统计中的聚类方法应用到多目标调查中在理论和方法上是一种进步。这种方法的基本思想是采用聚类的方法确定总体需要分的层数，使各个目标层内差异较小，层间差异较大，从而实现缩小各目标抽样误差的目的。这种方法是一种折中的方法，只是使各个目标的误差达到一定的均衡，而不能使各个调查目标的抽样方差达到最小。

2. 多目标平衡抽样方法

平衡抽样设计的基本思想是在不破坏随机原则的前提下，每次抽样都尽量使每个指标的样本平均数与总体平均数接近，如果前 i 次抽样的样本平均数大于（小于）总体平均数，那么第 $i+1$ 次抽样必须在小于（大于）总体平均数的个体中进行，这就是所谓的平衡，这种平衡是对每个指标进行的。

这种方法对于缩小各个目标的抽样误差具有很好的作用，但是前提条件是必须事先掌握各个调查目标有较高的线性相关的辅助变量的值，在实际操作中具有一定的困难。而且平衡抽样方法在目标量较多时需要划分的子类太多（设调查变量的个数为 k，则需要划分的子类的个数为 2^k，当 k = 10 时，需要划分的子类的个数为 1024 个，操作起来十分不便）。

3. 多目标双重抽样方法

根据多目标抽样估计中不同的调查目标的标志变异程度不同，为达到预定精度要求需要不同的样本量的特点，把双重抽样方法应用于多目标调查。多目标双重抽样的基本思想是首先从总体中抽取一个大样本（第一重样本），用此样本估计样本量要求最大的那个指标；其次再从第一重样本中分别抽取若干个样本量不等的小样本（第二重样本），这些小样本分别用于估计各自的调查目标量。显然，第二重样本是第一重样本的子集，于是很容易出现不同指标的调查样本发生重叠的情况。因此在给调查单元发放调查表时，需要注明调查的指标，这样就可以兼顾各个调查指标的同时减少工作量。

4. 多目标调查的抽样技术的其他成果

由于多目标调查需要兼顾多个调查指标，而各个调查指标往往有不同的分布，因此，关于抽样框中单元的排序问题，很多调查专家主张舍弃使用与单一指标的有关标志排队的抽样，而主张采用随机性较大的抽样方式，如无关标志排队等距抽样等，以适应多目标调查中不同指标的不同要求。另外更多的多元统计方法引入到多目标调查中，以解决多目标分层抽样中按单一标志分层对其他标志不利的问题，并认为采取无序抽样框下的系统聚类分析法分层比采用抽样框排队分层和最优分割有较好的效果。

5. 多目标调查在估计方法的成果

多目标调查在估计方法方面的成果主要表现在比估计和回归估计的引入。估计量只对个别指标发生作用，具有较大的灵活性。在同一抽样方式下，可以对各指标构造不同的估计量，以适应具有不同分布总体。我们知道，对于单目标估计而言，比估计和回归估计能有效地提高估计精度。多目标调查需要用到大量的辅助信息，这为比估计和回归估计的引入创造了条件。如果每一个调查目标都可以找到合适的辅助变量，那么可以将单目标的比估计和回归估计直接应用于各调查目标，从而使得多目标调查中各个调查目标都优于单目标调查的估计精度。在多目标调查中，对于有较强线性关系的调查目标往往首先进行合并，此时每一类调查目标可以选取一个辅助变量，用此辅助变量对该类中的所有调查变量构造比估计量和回归估计量，这样就会在尽可能少的损失估计精度的条件下，大大的简化多目标调查的估计过程。

3.2　永久随机数法抽样技术中多目标调查的理论基础——最大化 Brewer 抽样（MBS）理论

布鲁尔（1963）在《澳大利亚统计杂志》（《Australian Journal of Statistics》）上发表的本书是一篇在抽样调查领域有突出贡献的文献。它讨论了抽样调查理论的模型辅助方法，在有可控数据（辅助变量）时，估计单个项目的总值，人们可以使用比估计或回归估计量，并且采用与控制变量的 $\frac{1}{2} \sim 1$ 次幂成比例的概率抽样方法。罗亚尔（Royall，1970）给出了在抽样调查中利用模型进行预测的方法。沙恩达尔（1992）提出了模型辅助调查的方法。美国农业部统计署（NASS）的菲利普·科特和杰弗里·贝利（1997）提出的多目标与规模成比例概率抽样方法是布鲁尔提出的抽样方法在多目标问题中的拓展，即采用布鲁尔的抽样方法结合永久随机数法抽样技术为同期调查的多个目标变量抽取重叠的 Poisson 样本，以实现多目标的调查。我们可以称其为"最大化 Brewer 抽样"（Maximal Brewer Selection，MBS）。

1997～1998 年，美国农业部统计署（NASS）采用结合校准估计量和弃一组 Jackknife 方差估计方法的 MBS 抽样方法在 Minnesota 州进行了试点，结果非常成功（Bailey and Kott，1997）。在 1998～1999 年，这一方法用于四个州的农业调查，1999～2000 年 14 个州采用了该抽样方法，之后 MBS 抽样方法在全国推广。

3.2.1 Brewer 抽样理论

1. 理论背景

假定我们要用样本量为 n 随机样本（S）估计抽样框（U）的总量 Y。假定调查变量 y 和辅助变量 x 满足如下模型：

$$y_i = \beta x_i + k\varepsilon_i \qquad (3-1)$$

其中 ε_i 是随机误差项，满足 $E(\varepsilon_i \mid x_i) = E(\varepsilon_i \varepsilon_j \mid x_i x_j) = 0 (i \neq j)$，而且对于所有的 i，$Var(\varepsilon_i \mid x_i) = \sigma_i^2$（k 不必已知）。

在大样本的情况之下，不管调查变量与辅助变量是否满足式（3-1），如下估计量都是渐近随机无偏的（而且在许多抽样方法中是随机一致的）。

$$\hat{Y}_{rat} = \sum_U x_i \cdot \frac{\sum_s \dfrac{y_i}{\pi_i}}{\sum_s \dfrac{x_i}{\pi_i}} \qquad (3-2)$$

其中 π_i 是单元 i 的入样概率。显然 $\hat{Y}_{rat}$ 估计量采用的是比估计量的形式，等式右边第二项可以看作是调查变量 y 和辅助变量 x 的 Horvitz - Thompson 估计量的比值。为了计算 $\hat{Y}_{rat}$ 估计量，总体辅助变量 x 的总值 $\sum_U x_i$ 必须已知，样本中的所有单个的 x_i 也必须已知。我们进一步要求总体中的 x_i 全部已知。这种 x 称为目标变量 y 的"可控变量"。

布鲁尔指出，对于固定样本量，当 $\pi_i \propto \sigma_i$ 时，$\hat{Y}_{rat}$ 的随机期望方差是渐近最小的。从这个意义上来说，在给定样本量和估计量 $\hat{Y}_{rat}$ 的条件下，$\pi_i = \dfrac{n\sigma_i}{\sum_U \sigma_i}$，如果所有的值都小于等于 1，则该方法是最优的抽样方法。戈达姆比（Godambe，1955）给出了类似的结果。

假定 σ_i 可以写作 x_i^g 的形式，其中 $0 \leqslant g \leqslant 1$。当 g = 1 时，最优抽样方法（即模型方差的随机期望最小）转化成与规模成比例抽样，$\pi_i = \dfrac{nx_i}{\sum_U x_i}$。当 g = 0 时，最优抽样方法简化成为自加权函数 $\pi_i = \dfrac{n}{N}$，即前面我们提到的 Bernoulli 抽样。但是对于企业调查来说，g 一般取值在

$\frac{1}{2}$ ~1 之间。布鲁尔曾说过，在许多调查中 g 的有意义的值是 $\frac{3}{4}$。一些调查机构开始用校准估计量来替代常规的扩展估计量和比估计量。这是 NASS 在 Crops/Stocks 调查（CS）中开始使用 Brewer 提出的抽样方法在多目标调查中的拓展方法，称其为"多变量与规模成比例概率抽样"（multivariate probability proportional to size）。更好的名字应该是"最大化 Brewer 抽样"（Maximal Brewer Selection，MBS）。现已证实该抽样方法比 NASS 常规使用的分层抽样方法更加灵活（Bosecker, 1989）。

2. Brewer 抽样方法

假定我们有目标变量 y_i 近似满足式（3-1）。如果满足校准方程：

$$\sum_S a_i y_i = \sum_U y_i \tag{3-3}$$

其中，$a_i = \frac{1}{\pi_i}\left[1 + O_P\left(\frac{1}{\sqrt{n}}\right)\right]$，$\pi_i$ 是单元 i 的入样概率，O_P 是指在随机性方面而不是在模型方面的渐近概率的高阶无穷小量（见 Isaki and Fuller, 1982 年的关于有限总体渐近性的发展），于是我们通过由 n 个单元的样本 S 可以得到 Y 的校准估计量 $\hat{Y}_C = \sum_S a_i y_i$，这一点有德维尔和沙恩达尔（Devill and Sarndal, 1992）的校准估计量的味道。

显然，当 $a_i = \pi_i^{-1}\left(\dfrac{\sum_U x_k}{\sum_S\left(\dfrac{x_k}{\pi_k}\right)}\right)$ 时，$\hat{Y}_C$ 等于估计量 $\hat{Y}_{rat}$。此时满足校

准方程（3-3），只要满足 $\dfrac{\sum_S \dfrac{x_k}{\pi_k} - \sum_U x_k}{\sum_U x_k}$ 是 $O_P\left(\dfrac{1}{\sqrt{n}}\right)$，则 a_i 充分接近

π_i^{-1}。

作为 Y 的估计量的 $\hat{Y}_C$ 的方差为：

$$\begin{aligned} E_\varepsilon\left[(\hat{Y}_C - Y)^2\right] &= E_\varepsilon\left[\left(\sum_S a_i y_i - \sum_U y_i\right)^2\right] \\ &= E_\varepsilon\left[\left(\sum_S a_i \varepsilon_i - \sum_U \varepsilon_i\right)^2\right] \\ &= \sum_S a_i^2 \sigma_i^2 - 2\sum_S a_i \sigma_i^2 + \sum_U \sigma_i^2 \end{aligned} \tag{3-4}$$

由于每个 $a_i \approx \pi_i^{-1}$，从技术上说，式（3-4）左边和右边的差异是

$O_P\left(\dfrac{1}{\sqrt{n}}\right)$。所以 $E[(\hat{Y}_C - Y)^2] \approx \sum_S \dfrac{\sigma_i^2}{\pi_i^2} - 2\sum_S \dfrac{\sigma_i^2}{\pi_i} + \sum_U \sigma_i^2$。

$\hat{Y}_C$ 模型方差的随机期望（用下标 P 表示）为：

$$E_P\{E_\varepsilon[(\hat{Y}_C - Y)^2]\} \approx \sum_U \dfrac{\sigma_i^2}{\pi_i} - \sum_S \sigma_i^2 \qquad (3-5)$$

在一般情况下，这等于 $\hat{Y}_C$ 的随机均方误差的模型期望。伊萨基和弗勒（Isaki and Fuller，1982）称最后一个方程为 $\hat{Y}_C$ 的预期方差，也就是说在"随机均方误差或方差模型下的预期"（伊萨基和弗勒认为随机 mse 和方差在该方法下是一致的）。我们这里也使用这一术语，但是认为"预期方差"的含义应该是抽样之前预期的模型方差。

如果我们严格使用如 $\hat{Y}_C$ 的随机估计量，一个有意义的方法就是选择入样概率，使得在给定样本量 n 的情况之下，式（3-5）右边的项可以达到最小。因为 $n = \sum_U \pi_i$，简单的方法就是设定 Langrngian 方程，其解为 $\pi_i = \dfrac{n\sigma_i}{\sum_U \sigma_k}$。为了使该解有意义，每个 π_i 都不大于 1。我们假定这一假设在任何时候都成立。

不管是用哪种抽样方法，通过设定单元的入样概率等于 $\dfrac{n\sigma_i}{\sum_U \sigma_k}$，$\hat{Y}_C$ 得期望方差都是渐近最小的。实际上，如果样本量本身也是期望为 n 的随机变量，相同的最小方差也可以得到。Poisson 抽样就是实现随机样本量的最简单的例子。

假定式（3-1）关于 σ_i 的假设成立。特别的假定 σ_i 与 x_i^g 成比例（g 的取值在 $\dfrac{1}{2} \sim 1$）。我们重新给出参数模型：

$$y_i = \beta\left(x_i + \left[\dfrac{\sum_U x_k}{\sum_U x_k^g}\right]x_i^g \varepsilon_i\right) \qquad (3-6)$$

其中 $E(\varepsilon_i | x_i) = E(\varepsilon_i\varepsilon_j | x_i x_j) = 0 (i \neq j)$，而且现在 $Var(\varepsilon_i | x_i) = \sigma^2$。我们选择参数使 σ 与 x_i 和 y_i 的变动无关。注意，当 g=1 时，σ^2 是模型中 y_i 的相对方差。因此对于任何 g，σ^2 在一定意义上是 y_i 的相对方差。

我们注意到，式（3-5）中的 σ_i^2 现在等于 $\beta^2\left[\dfrac{\sum_U x_k}{\sum_U x_k^g}\right]^2 x_i^{2g}\sigma^2$。因

为在模型 $Y = \beta \sum_U x_k$ 之下，$\hat{Y}_C$ 的相对于其方差为：

$$\frac{E_P\{E_\varepsilon[(\hat{Y}_C - Y)^2]\}}{E_\varepsilon(Y^2)} \approx \frac{\sum_U x_i^{2g}(\pi_i^{-1} - 1)}{(\sum_U x_i^g)^2}\sigma^2$$

同理，式（3-6）中的 $\hat{Y}_C$ 的"渐近预测方差系数"（asymptotic antici-pated coefficient of variance）可以如下定义：

$$ACV(\hat{Y}_C) = \frac{[\sum_U x_i^{2g}(\pi_i^{-1} - 1)]^{\frac{1}{2}}}{\sum_U x_i^g}\sigma \qquad (3-7)$$

我们观察到，其他变量不变，任何 π_i 增大时，$ACV(\hat{Y}_C)$ 变小。

对于固定的期望样本量 $n = \sum_U \pi_i$，如果所有的入样概率都不大于

1，当 $\pi_i = \dfrac{nx_i^g}{\sum_U x_k^g}$ 时，式（3-7）右边项达到最小值，而且在最小值点

$ACV(\hat{Y}_C) \leqslant \dfrac{\sigma}{\sqrt{n}}$。当所有的 $\dfrac{nx_i^g}{\sum_U x_k^g} \ll 1$ 时，近似等于成立。

式（3-7）进一步告诉我们，如果我们已知 σ，通过设定 $\pi_i = $

$\left(1, \dfrac{nx_i^g}{\sum_U x_k^g}\right)$，且 $n \geqslant \left(\dfrac{\sigma}{C}\right)^2$，我们可以保证达到 ACV 目标 C。

在实践应用中 σ^2 必须通过前期的数据进行猜测或者估计，如：

$$s^2 = \frac{\sum_f w_i x_i^g e_i^2}{\sum_f w_i x_i^g}$$

其中 f 表示前期样本，w_i 表示单元 i 在样本中的权数，$e_i = \dfrac{\sum_F x_k^g}{\sum_F x_k} \cdot$

$\dfrac{y_i - bx_i}{bx_i^g}$，$b = \dfrac{\sum_f w_i y_i}{\sum_f w_i x_i}$，F 是前期的总体。于是：

$$s^2 = \frac{(\sum_f w_k x_k^g)\sum_f \dfrac{w_i(y_i - bx_i)^2}{x_i^g}}{(\sum_f w_i y_i)^2}$$

当模型成立时，$e_i \approx \varepsilon_i$。这就是我们选择 e_i 和 s^2 的理由之一。另外，如

53

果对于所有单元的抽选概率 $\pi_i = \dfrac{n^* x_i^g}{\sum_U x_i^g} \ll 1$，那么在 Poisson 抽样

（NASS 当前正在使用）之下，作为 $\sum_F y_i$ 的估计量的 $\hat{Y}_C$ 的相对随机方

差将会约等于 $\dfrac{\sum_F \dfrac{(y_i - Bx_i)^2}{\pi_i}}{(\sum_F y_i)^2}$，其中 $B = \dfrac{\sum_F y_i}{\sum_F x_i}$。我们可以通过实际抽

取的样本的 $\dfrac{\sum_f \dfrac{w_i(y_i - bx_i)^2}{\pi_i}}{(\sum_f w_i y_i)^2} = \dfrac{s^2}{n^*}$ 来进行合理的估计。因此我们定义

的 s^2 的选择即使模型不成立，在一定程度上也是稳健的。

我们称每个 $\pi_i = \min\left\{1, \dfrac{nx_i^g}{\sum_U x_k^g}\right\}$ 且 $\dfrac{1}{2} \leq g \leq 1$ 的抽样过程为

"Brewer 抽样"。不管选择的 n_T 是否取决于式（3-6）该名称都适用。

3.2.2　Brewer 抽样在多目标调查中的拓展——MBS 抽样

假定我们有 M 个目标变量，y_{im} 表示单元 i 的第 m 个目标变量的 y
值。每个目标变量有自己的控制变量（可能会相同也可能不同）。x_{im} 表
示单元 i 第 m 个控制变量的 x 值。而且假定每个目标可控制变量组遵循
如下模型：

$$y_{im} = \beta_m \left(x_{im} + \left[\frac{\sum_U x_{km}}{\sum_U x_{km}^g} \right] x_{im}^g \varepsilon_{im} \right) \qquad (3-8)$$

其中，$E(\varepsilon_{im} \mid x_{im}) = E(\varepsilon_{im} \varepsilon_{jm} \mid x_{im}, x_{jm}) = 0(i \neq j)$，而且对于所有的变
量 $m(m = 1, \cdots, M)$ 有 $\mathrm{Var}(\varepsilon_{im} \mid x_{im}) = \sigma_m^2$。

为样本构造一组满足 M 个校准方程：

$$\sum_S a_i x_{im} = \sum_U x_{im} \qquad m = 1, \cdots, M$$

的权数 $\{a_i\}$，于是每个 $a_i = \pi_i^{-1}\left(1 + O_P\left(\dfrac{1}{\sqrt{n}}\right)\right)$，其中 π_i 为单元 i 的入样

概率。在公式（3-8）的条件下，每个校准估计量 $\hat{Y}_{C(m)} = \sum_S a_i y_{im}$ 提

供了一个对 $Y_m = \sum_U y_{im}$ 的模型无偏估计量。

构造这些权数的一个方法就是采用如下线性回归

$$a_i = \pi_i^{-1} + \left(\sum_U \mathbf{x}_k - \sum_S c_k \pi_k^{-1} \mathbf{x}_k \right) \left(\sum_S c_k \pi_k^{-1} \mathbf{x}_k' \mathbf{x}_k \right)^{-1} c_i \pi_i^{-1} \mathbf{x}_i'$$

$$(3-9)$$

其中，$\mathbf{x}_i = (x_{i1}, \cdots, x_{iM})$ 是行向量，选择使 $\sum_S c_k \pi_k^{-1} \mathbf{x}_k' \mathbf{x}_k$ 可转置的任意 c_i。通常可以取 $c_i = \dfrac{1}{x_{i1}}$，$c_i = 1$（当对于所有的 i，x_{im} 都是常数时）。布鲁尔（1994）假定 $c_i = \dfrac{(1 - \pi_i)}{z_i}$，其中 z_i 是对 M 个控制变量的综合规模测度。

在式（3-8）的模型条件下，对所有 M 个目标变量给定目标 ACV（用 C_m 表示），以及每个变量的 σ 值 σ_m 已知，当：

$$\pi_i = \min\{1, \max\{n_1 h_{i1}^{(g)}, \cdots, n_M h_{iM}^{(g)}\}\} \qquad (3-10)$$

时，我们可以保证达到目标 ACV's，其中 $n_{Tm} = \dfrac{C_m}{\sigma_m}$，$h_{im}^{(g)} = \dfrac{x_{im}^g}{\sum_U x_{km}^g}$。完整地给出入样概率的确定方法，即：

$$\pi_i = \min\left\{ 1, \max\left[n_1 \frac{x_{i1}^g}{\sum_U x_{i1}^g}, \cdots, n_M \frac{x_{iM}^g}{\sum_U x_{iM}^g} \right] \right\}$$

其中，对于单元 i 的单个调查变量的入样概率 $\pi_{im} = n_m \dfrac{x_{im}^g}{\sum_U x_{im}^g}$（m = 1, $\cdots$, M）。

我们观察到，如果调查单元在所有指标上计算的入样概率都不大于 1，则式（3-10）中的 π_i 也可以表示成：

$$\pi_i = \max\{\pi_{i1}, \cdots, \pi_{iM}\} \qquad (3-11)$$

相应的式（3-11）的抽样方法称之为"最大化 Brewer 抽样（MBS）"。不管目标样本量 n_m 是否等于 $\dfrac{C_m}{\sigma_m}$，式（3-10）的抽样方法都可以称作是"最大化 Brewer 抽样"。

对于模型（3-6）中的固定的期望样本量 n，Brewer 抽样可以得到最小的 $ACV(\hat{Y}_C)$；相反地，在给定 ACV 的条件下，Brewer 抽样可以得到最小的期望样本量。当 M > 1 时，在给定 M 个目标 ACV 的条件下，最大化 Brewer 抽样不必最小化所有的期望样本量。西格曼和蒙苏尔

（Sigman and Monsour，1995）给出了在这个意义上确定最优抽样概率的方法（即使期望样本量最小化）。

美国农业部（NASS）在 Crop/Stocks 调查中，将分层简单随机抽样转化到最大 Brewer 概率 Poisson 抽样，将简单的扩展估计量转化到采用校准估计量，实践证明是非常成功的。NASS 最近在其他调查中也在试图采用这一新型的方法。为了更好地揭示事物的本质，NASS 采用了配置抽样（Brewer et al.，1972）而不是 Poisson 抽样，这样可以减少样本量的变动。

3.3   与 MBS 抽样方法相结合的 Poisson 抽样

在调查中人们往往要全方位反映总体情况，因而需要面对多目标调查问题。多目标调查对于提高样本利用效率，节约调查费用，全方位反映总体的情况有重要意义。但不同的指标有不同的分布结构，这给抽样调查工作的实施造成了困难。根据现有的抽样理论，为了提高抽样估计的效率，在设计抽样方案时，有两种基本思路可供选择：一是采取合适的抽样方式；二是构造合理的估计量，在单目标抽样中，这两种思路都可以取得很好的效果。当把这两种思路应用于多目标抽样设计时，需要附加一些条件：第一，选定的抽样方法或估计方法必须对每一个目标都是高效率的。这个条件要求样本和估计量具有"灵活性"，能够根据不同的目标进行变化；第二，选定的抽样方法或估计量所需要的条件必须对每一个目标都满足。

当前关于多目标调查的绝大多数研究成果主要集中在等概率抽样中。随着抽样调查的不断发展以及应用领域的不断拓宽，调查单元的规模有较大差异或者调查单元在总体中所占的地位不一致的情况经常存在，简单的等概率抽样越来越不能满足调查的要求，美国农业部农业统计署（NASS）的专家杰弗里·贝利和菲利普·科特（Jeffrey Bailey and Phillip Kott，1997）首先提出多变量与规模成比例的不等概率抽样方法，在国内通常称其为 MPPS 抽样。MPPS 抽样是与 Poisson 抽样相结合的 MBS 抽样方法，即采用 MBS 方法确定单元的入样概率，之后采用 Poisson 抽样抽取样本。本节在对多目标调查的特点进行讨论的基础上，给出多变量与规模成比例的不等概率抽样过程。

3.3.1 关于 MPPS 抽样的名称

我国国家统计局农业调查队与美国 NASS 进行了多年的合作, 开发农业调查方案, 重点解决农业调查的多目标问题, 提出了多变量与规模成比例概率抽样, 即所谓的 MPPS (Multivariate Probability Proportional to Size) 抽样。MPPS 抽样方法是 Poisson 抽样和 MBS 抽样相结合的产物, 即以 MBS 方法确定调查单元的入样概率, 以 Poisson 抽样实现抽取样本。

Poisson 抽样是抽取永久随机数满足:

$$a \leqslant r_i < a + \pi_i \qquad (3-12)$$

的单元构成样本。当 $a + \pi_i > 1$ 时, 抽取永久随机数满足 $[a, 1]$ 或者 $[0, a + \pi_i - 1)$ 的单元。

Poisson 抽样有非常好的性质, 即两个不同单元的入样概率等于它们分别入样概率的乘积, 也就是说 $\pi_{ik} = \pi_i \pi_k$。于是很容易得到方差估计量。这一抽样方法确保了校准方程 $\sum_s \dfrac{z_i}{\pi_i} \approx \sum_U z_i$ 的满足, 因为

$\sum_s \dfrac{z_i}{\pi_i}$ 的相对方差小于 $\dfrac{\left(\sum_s \dfrac{z_i^2}{\pi_i}\right)}{\left(\sum_U z_i\right)^2}$, 在对 z_i、π_i 进行简单约束的情况下,

$\dfrac{\left(\sum_s \dfrac{z_i^2}{\pi_i}\right)}{\left(\sum_U z_i\right)^2}$ 是 $O\left(\dfrac{1}{n}\right)$ (Isaki and Fuller, 1982)。

3.3.2 关于 Poisson 抽样的 MBS 入样概率的讨论

我们采用与 MBS 抽样相结合得 Poisson 抽样来解决多目标调查问题。调查单元的入样概率:

$$\pi_i = \min\{1, \ \max\{n_1 h_{i1}^{(g)}, \ \cdots, \ n_M h_{iM}^{(g)}\}\} \qquad (3-13)$$

其中, $h_{im}^{(g)} = \dfrac{x_{im}^g}{\sum_U x_{km}^g}$, n_m 是期望样本量 $m = 1, \ \cdots, \ M$。$h_{im}^{(g)}$ 可以看作

是单元 i 在调查变量 m 的相对规模测度。当 g = 1 时，$h_{im}^{(1)} = \dfrac{x_{im}}{\sum_U x_{km}}$，

$h_{im}^{(g)}$ 即为单元 i 的传统意义上的规模比重；当 g = 0 时，$h_{im}^{(0)} = \dfrac{x_{im}^0}{\sum_U x_{km}^0} =$

$\dfrac{n}{N}$，此时在各个调查变量上进行等概率抽样。在上一节中我们讨论过，

最好是根据目标变量确定 g。g 一般取值在 $\dfrac{1}{2} \sim 1$。科克伦（Cochran，

1963）证明 $\dfrac{1}{2}$ 一定是实践中 g 的下限。从实践操作的角度来看，如此确

定 g 值可以使规模很大的单元的入样概率相对缩小，从而使规模很小的

单元的入样概率相对提高。布鲁尔曾说过，在许多调查中 g 的有意义的

值是 $\dfrac{3}{4}$。

在多目标调查中，为了兼顾多个调查目标，先分别计算单元 i 在各
个调查目标的入样概率，单元 i 的最终入样概率是该单元的各目标入样
概率的最大值。如果在某一调查目标上计算的单元的入样概率大于或者
等于 1，则该单元为必选单元，归入必选单元层。也就是说，在多目标
调查中，首先要计算各单元的入样概率，只要单元在任何一个调查变量
上计算的入样概率大于或者等于 1，则该单元必然入样。将所有的有入
样概率大于等于 1 的单元归入到全面调查层，余下的单元的入样概
率为：

$$\pi_i = \max\{\pi_{i1}, \cdots, \pi_{iM}\} \tag{3-14}$$

其中，$\pi_{im} = n_m h_{im}^{(g)}$ 是调查变量 m 的 Brewer 入样概率。

3.3.3 MPPS 抽样过程

MPPS 抽样是 Poisson 抽样和 MBS 抽样的结合和发展，是有特定的
入样概率的 Poisson 抽样，旨在解决多目标调查问题。MPPS 抽样兼有
Poisson 抽样和 MBS 抽样的优势，即在入样概率的选取上能兼顾多个调
查变量，与此同时兼备 Poisson 抽样的优势，如可以方便地实现样本轮
换、能有效地解决多层次调查问题等（关于 Poisson 抽样在这些方面的
优势我们将另辟章节进行讨论）。下面我们将给出 MPPS 抽样的过程。

1. 给调查单元赋予永久随机数

在抽样开始之前，首先要对抽样框中的每个单元赋予永久随机数。永久随机数在 [0, 1] 上的均匀分布，但是这并不意味着实际操作中产生的永久随机数一定是均匀分布的，更不能说永久随机数之间是等距离分布的，正是这种原因导致了 Poisson 抽样实现的样本量是随机变量，而不是确定的值。在实际操作中，由于抽样框是有限的总体，因此经常会出现数据扎堆的情形。抽样过程中为了使得总体中每个调查单元对应的永久随机数分布更加均匀，如前所述直接使用原始永久随机数在抽样框排序后的位置 $\text{rank}(r_i)$ 进行对原始永久随机数进行修匀，即使 $r'_i = \dfrac{\text{rank}(r_i)}{N}$。

永久随机数法抽样技术强调永久随机数的唯一确定性，在同一次调查中，同一调查单元只能有唯一的永久随机数，尤其是在经常性调查中，如我国的规模以下工业企业调查、农村抽样调查等，永久随机数与调查单元有终生唯一确定性。这一特点对于实现多目标抽样、多层次调查以及样本轮换有重要意义。如果抽样框随时间发生变动，由于不断有新的单元产生和旧的单元消亡，N、$\text{rank}(r_i)$ 都会不断地发生变动，于是 r'_i 也随之不断变动。这里我们保持原始的永久随机数 r_i 与调查单元有唯一确定性，在新的调查中重新排序并计算 r'_i，r'_i 作为参与下面的抽样过程的随机数。需要注意的是，新的随机数的产生必须在产生原始永久随机数的过程中继续产生，否则会出现随机数的重叠。而且虽然从理论上说，采用随机数发生器产生的随机数不会发生重叠的现象，但是抽样框的调查单元是有限的，随机数会在某一十进制上截尾，因此有可能会出现随机数的重叠。此时一般在产生随机数时，适当的多保留几位小数，以减少随机数重叠的可能性。如果真的出现随机数的重叠，则需要舍弃该随机数，继续产生新的随机数。

2. 计算调查单元的入样概率

由于 MPPS 抽样要兼顾多个调查目标变量，而各个目标变量往往会有不同的分布，因而对于不同的调查目标计算的入样概率往往会有较大的差异。MPPS 抽样采用 MBS 抽样的方法确定入样概率：

$$\pi_i = \min\left\{1, \max\left\{n_1 \frac{x_{i1}^{\frac{3}{4}}}{\sum_U x_{i1}^{\frac{3}{4}}}, \cdots, n_M \frac{x_{iM}^{\frac{3}{4}}}{\sum_U x_{iM}^{\frac{3}{4}}}\right\}\right\} \quad (3-15)$$

其中 x_{im} 是第 i 单元的第 m 主题的规模数量（$m = 1$，…，M），n_m 是第 m 个调查目标的期望样本量。M 是调查中涉及的全部调查变量的个数，N 是抽样总体中全部调查单元的个数。取 $\frac{3}{4}$ 次幂是因为通常抽样框资料用的是上一年度的相关数据，这种处理的目的是不希望多目标中某个指标规模大的单元有很大的入样概率 π_i，这样在 π_i "取大取小" 的过程中可以减少这种大规模单元抽中的概率。如果多目标中单元最大的入样概率大于 1，则取其入样概率为 1，此时该单元为必选单元，或者称为规模单元。

我们注意到，在确定多目标调查的入样概率时要用到各调查变量的样本量。确定样本量的方法一般有两种：一是拉格朗日乘数法确定样本量，二是采用逼近法确定样本量。

（1）拉格朗日乘数法确定样本量。抽样调查样本量的确定需要考虑两个因素：一是精度；二是费用。精度和费用对样本量的要求是相互矛盾的。实际工作中，我们一方面要求估计精度应尽可能地高；另一方面要求费用尽可能地少。前者要求样本量必需足够大，而后者要求样本量应尽可能小。使两者同时达到最优的样本设计是不存在的。我们只能遵循如下的准则：给定精度即估计量方差要求使费用达最省；或给定费用限制要求使精度达最高。按此准则确定样本量。

对于第 m 个调查变量（$m = 1$，…，M），精度的表述可以是允许方差 $v(\hat{Y}_m)$；可以是抽样标准差系数（估计量的变异系数）$C.V = \frac{\sqrt{v(\hat{Y}_m)}}{\hat{Y}_m}$，也可以允许绝对误差 $D = u_\alpha \sqrt{v(\hat{Y}_m)}$。这三个指标存在换算关系。在理论研究中，通常使用允许方差 $v(\hat{Y}_m)$ 来表示精度，而在实践应用中，由于需要兼顾基层统计人员的理论水平，允许方差 $v(\hat{Y}_m)$ 不如抽样标准差系数 C.V 和允许绝对误差 D 能更直观地反映抽样调查的效果，因而这两者在实践中有更为广泛的应用。我们以最大允许方差 V 为例进行确定样本量的研究，在另外两种精度要求下确定样本量的问题可以通过它们之间的关系转化。

　　我们所指的费用含义是广义的，不仅仅是经费，也包括设计方案花费的人力与时间及组织管理费用等。调查的总费用 C 可分为固定调查费用 C_0 和可变调查费用 C_1 两部分。固定费用不随样本量的大小而变动，而可变费用则和样本量成正比。我们假定将设计方案花费的人力与时间及管理费用，以及已确定全面调查的单元的全部费用都归入固定调查费用 C_0，则 $C = C_0 + C_i n_m$（其中，C_1 为调查每个单位所花费的费用，n_m 为第 m 个调查变量所需样本量）。

　　我们的目标是在费用固定条件下使估计量方差达到最小，或在方差给定条件下使费用达到最省，这是一个条件极值问题，可用拉格朗日乘数法。我们以无放回简单随机抽样为例构造拉格朗日函数 F_1、F_2：

$$F_1 = C_0 + C_1 n_m + \lambda_1 \left[\frac{S_m^2}{n_m} \left(1 - \frac{n_m}{N} \right) - V \right] \qquad (3-16)$$

$$F_2 = \frac{S_m^2}{n_m} \left(1 - \frac{n_m}{N} \right) + \lambda_2 \left[C_0 + C_1 n_m - C \right] \qquad (3-17)$$

式中 F_1 为在精度得到保证的前提下的费用函数，F_2 为在费用得到保证的前提下的精度函数；λ_1、λ_2 为拉格朗日乘子，N 为抽样框调查单元的总量（多目标调查中各调查变量采用相同的抽样框进行调查），S_m^2 为第 m 个调查变量的方差的估计量（可以通过历史信息或者经过试调查等方法得到）。令 $\dfrac{\partial F_1}{\partial n} = \dfrac{\partial F_1}{\partial \lambda_1} = \dfrac{\partial F_2}{\partial n_m} = \dfrac{\partial F_2}{\partial \lambda_2} = 0$ 得：

$$\begin{cases} \lambda_1 = \dfrac{C_1 n_m^2}{N^2 S_m^2} \\[3mm] n_m = \dfrac{S_m^2}{V + \dfrac{S_m^2}{N}} \end{cases} \text{或} \begin{cases} \lambda_2 = \dfrac{N^2 S_m^2}{n_m^2 C_1} \\[3mm] n_m = \dfrac{C - C_0}{C_1} \end{cases} \qquad (3-18)$$

从而可以求出 n_m。如果不是使用无放回简单随机抽样则需要进一步用设计效应进行相应的调整。

　　上述计算过程通过公式将精度和费用要求与应抽样本量结合在一起考虑，比凭经验判断决定相对标准误差进而决定样本量更具有科学依据。按此公式计算的样本量能在精度或费用固定时，使另一方面尽可能的好。

　　（2）逼近法确定样本量。在实际工作中通常可以采用"逼近法"确定多目标调查中各单项调查变量的样本量。首先根据各单项调查变量对调查精度的要求，确定各调查变量的变异系数，进行初步测算和经验估计，结合测算和估计的结果，给定样本量的初始值，利用该初始值计算各单项主题的变异系数，看其是否在要求的范围内，如果各项调查变量或某些项的调查变量达不到要求，可以调整给定样本量的初始值，直到各单项调查变量的变异系数都达到规定的要求；如果给定样本量的初始值，经测算，各单项调查变量的变异系数都满足了规定的要求，可以适当降低给定样本量的初始值，看是否仍能满足要求，若还能满足要求，应继续适当降低调整后的样本量，如果再能满足要求，继续按同样办法进行测算，直至获得满意的结果。其目的是采取这种不断逼近法，确定一个理论上满足要求的最小样本量，但在实际工作中，为了满足实际需要，该最小样本量还可适当扩大一些。

需要注意的是不管采用哪种方法确定样本量，一般来说在计算之后进入实际操作阶段时，样本量通常要根据调查进行适当的放大。因为在调查中往往存在无回答问题，于是会导致一些无效样本。适当扩大样本量以使最终实现的有效样本量能够满足估计的要求。

3. 抽选样本

MPPS 抽样是采用 Poisson 抽样的方法抽取样本。因为 MPPS 抽样具有 Poisson 抽样可以选择随机起点的特征，MPPS 抽样也可以方便地实现样本轮换和有效地实现多层次调查。

我们采用某省 2014 年的农业数据进行了测算。我们要估计谷物、棉花、油料产量。由于这三者的分布情况差异很大，规定估计谷物的相对误差不得超过 10%、棉花不得超过 30%、油料不得超过 20%。计算得到的样本量分别是 167、194、175，考虑到无回答以及其他原因导致的无效数据的影响，我们采用统一的样本量 200。采用式（3 - 13）计算调查单元的入样概率，分别取 $g = 1$ 和 $g = \dfrac{3}{4}$。观察计算的结果不难发现，相对于 $g = 1$ 的计算结果，$g = \dfrac{3}{4}$ 得计算结果是入样概率较大的单元的入样概率相对缩小，而使入样概率较小的单元的入样概率相对增大。抽样的结果，采用 $g = 1$ 计算的入样概率时抽到 12 个入样概率大于 0.3 的单元，而采用 $g = \dfrac{3}{4}$ 计算的入样概率时，仅抽到 7 个入样概率大于

0.3 的单元。于是我们得到结论，$g = \dfrac{3}{4}$ 可以有效地降低规模较大的单元的入样概率，而相对提高规模较小的单元的入样概率。

4. MPPS 抽样的估计方法

我们知道，Poisson 抽样是严格不放回、严格 πps 的抽样方法，通常采用 Horvitz – Thompson 估计量对总体总量指标进行估计，该估计量是无偏估计量：

$$\hat{Y}_m = \sum_{i=1}^{n} \frac{y_{mi}}{\pi_i} \qquad (3-19)$$

若取 $w_i = \dfrac{1}{\pi_i}$，则有：

$$\hat{Y}_m = \sum_{i=1}^{n} w_i y_{mi} \qquad (3-20)$$

MPPS 抽样是在 Poisson 抽样的基础上发展而来的，由于其入样概率的选取需要兼顾多个调查目标，不再与单个调查变量的规模严格成比例，即 $\pi_i = np_i$ 不再严格成立，因此 MPPS 抽样不再是严格的 Poisson 抽样，如果对 MPPS 抽样的样本采用的 Horvitz – Thompson 估计量，则该估计量不再是无偏估计量。

为了减小对总体估计的偏倚，可以考虑采取辅助变量修正估计量：

$$\hat{Y}_m = \frac{\sum_{j=1}^{N} x_{mj}}{\sum_{i=1}^{n} w_i x_{mi}} \sum_{i=1}^{n} w_i y_{mi} \qquad (3-21)$$

这里 x_{mi}、x_{mj} 表示第 m 个调查变量的辅助变量值，y_{mi} 表示 m 个调查变量的实际调查数据，w_i 表示单元的入样概率之倒数，即该调查单元的权重。辅助变量可以采用调查单元的规模，也可以采用其他在抽样框中信息相对比较完备的变量。

总体总量估计值的方差如下：

$$v(\hat{Y}_m) = \frac{(\sum_{j=1}^{N} x_{mj})^2}{(\sum_{i=1}^{n} w_i x_{mi})^2} \sum_{i=1}^{n} (1 - \pi_i) w_i^2 y_{mi}^2 \qquad (3-22)$$

关于 MPPS 抽样的估计方法当前最新的讨论是引入校准估计量和广

义回归估计量，对于精度的估计则引入了弃一组 Jackknife（Delete-a-group Jackknife estimator）估计方法。关于 MPPS 抽样的最新的估计方法的讨论我们将在第 6 章永久随机数法抽样技术的估计方法研究中进行系统的讨论。

3.4　MPPS 抽样方法的特点及改进构想

3.4.1　MPPS 抽样方法的优点

MPPS 抽样技术是 MBS 抽样和 Poisson 相结合的抽样方法，兼有 MBS 抽样和 Poisson 抽样的特点。

1. MPPS 抽样采用 MBS 方法确定调查单元的入样概率

MPPS 抽样采用 MBS 抽样方法中"取大取小"的入样概率确定方法，兼顾了多个调查目标，并且通过 g 的设定使规模很大的单元的入样概率相对降低，同时相对提高了规模很小的单元入样的可能性，在一定程度上改进了传统的 Poisson 抽样中忽略小规模单元的弱点。

2. MPPS 抽样采用 Poisson 抽样的方法抽取样本

MPPS 抽样采用 Poisson 抽样方法抽取样本，调查单元的入样概率是根据规模测度确定的，因此抽样过程能够体现与规模成比例不等概率抽样的思想。由于 Poisson 抽样有很好的样本兼容的性质，因此 MPPS 抽样能有效地实现多层次调查和样本轮换中的样本兼容。

3. MPPS 抽样可以找到与之相适应的估计方法

MPPS 抽样是 Poisson 抽样的拓展，因此可以采用 Horvitz – Thompson 估计量，尽管此时 HT 估计量不再是无偏估计量。我们知道 HT 估计量的精度不是很让人满意，这是 Poisson 抽样没能得到广泛应用的原因之一。当前很多调查专家正在研究精度更高的估计量，如校准估计量、广义线性回归估计量、弃一组 Jackknife 方差估计量等。有更高精度的估计量的提出对于 MPPS 抽样更广泛的应用将有巨大的推动作用。

3.4.2　MPPS 抽样的弱点

MPPS 抽样的弱点主要表现在几个方面：

（1）由于 MPPS 抽样的入样概率的选取需要兼顾多个主题，不再与单个主体的规模严格成比例关系，即最终确定的单元的入样概率 $\pi_i \neq n_m \dfrac{x_{im}^g}{\sum_U x_{im}^g}$（$m = 1$，…，$M$），于是 $\sum_U \pi_i = n_m$（$m = 1$，…，M）不再严格成立，n_m 不再是期望样本量。因此 MPPS 概率抽样不再是严格的 Poisson 抽样，这里采用的 Horvitz – Thompson 估计量不再是无偏估计量。

（2）MPPS 抽样既然是 Poisson 抽样的拓展，那么就不能克服 Poisson 抽样自身的缺点，即样本量是以期望样本量为期望的随机变量，也就是说 MPPS 抽样也有抽到空样本的可能性。

3.4.3　MPPS 抽样方法的改进构想

由于 MPPS 抽样方法存在一定的弱点，本书提出几点对其进行改进的构想。本章提到的改进构想主要是在估计方法方面的，关于 MPPS 抽样估计量的改进，我们将会在第 6 章中给出。

1. MPPS 抽样的入样概率的进一步改进

MPPS 抽样破坏了 $\pi_i = n_m \dfrac{x_{im}^g}{\sum_U x_{im}^g}$（$m = 1$，…，$M$），即 $\sum_U \pi_i \neq n_m$（$m = 1$，…，M）。如果调查单元的入样概率不加调整直接参与抽样与估计过程的话，会产生两个后果：一是抽样过程中实现的样本量 $\tilde{m}$ 会大于根据各调查变量计算的样本量。由于在入样概率的确定过程中采用"取大取小"的原则，所以最终确定的单元的入样概率要大于采用各个调查变量的规模测度确定的入样概率，汇总抽样框中所有调查单元的入样概率结果会大于任何调查变量的样本量，即：

$$\tilde{m} = \sum_U \pi_i > \max(n_m)（m = 1，…，M）\qquad (3-23)$$

而且有可能会存在很大的差异。例如在我们采用某省 2014 年的农业数据进行测算时，碰巧根据三个调查变量的精度要求计算的样本量都是 200，而采用 MBS 抽样方法确定的入样概率在抽样框中的汇总之和 $\tilde{m} = 367$，二者之间的差异是非常大的。直接采用"取大取小"的方法确定的调查单元的入样概率进行抽样时，最终实现的样本量是以 $\tilde{m}$ 为期望的随机变量。在 $n_m (m = 1, \cdots, M)$ 和 $\tilde{m}$ 有显著的差异时，实现的样本量往往比期望样本量大得多，于是往往造成调查的浪费。二是采用 Horvitz – Thompson 估计量对总体指标进行估计就会产生偏倚。因此我们考虑对 MPPS 抽样的入样概率进一步调整，在保证调查精度的基础上尽量节约调查费用，并使 Horvitz – Thompson 估计量保持其无偏的性质。

实施多目标调查的主要目标就是节约调查的费用，而节约调查费用的直接途径就是减少样本量。我们直接采用 MBS 方法确定的入样概率会增大样本量。为了在保证调查精度的基础上将样本量降下来，我们考虑采用"逼近法"确定多目标调查最终的样本量，记作 n。也就是说，在根据各个调查目标计算的样本量之间有较大的差异时，首先猜想一个样本量，并进行试算，看看各调查目标能否达到预先规定的精度要求。如果能达到要求则减少样本量，继续试算；否则适当增大样本量进行试算，直至各调查目标都能达到预期的估计精度。

考虑采用如下方法进一步调整调查单元的入样概率。令：

$$\pi_i' = \frac{n}{\tilde{m}} \pi_i \qquad (3-24)$$

其中，π_i 是根据 MBS 抽样中"取大取小"的方法取得的入样概率。此时，

$$\sum_U \pi_i' = \sum_U \frac{n}{\tilde{m}} \pi_i = \frac{n}{\tilde{m}} \sum_U \pi_i = \frac{n}{\tilde{m}} \tilde{m} = n \qquad (3-25)$$

于是可以采用 Horvitz – Thompson 估计量以及其他 Poisson 抽样的估计方法对总体总量指标进行估计。需要注意的是，如果没有对调查单元入样概率的进一步调整，则在估计过程中采用布鲁尔（1983）提出的比估计方法：

$$\hat{Y}_{R(m)} = \frac{1}{\tilde{m}} \sum_{i \in s} \frac{y_{im}}{p_i} \qquad (3-26)$$

将会造成很大的偏差，如在我们的测算中，采用比估计量估计的结果将是采用常规的 HT 估计量估计结果的 1.8 倍，这种差异无论如何都不能

为人们所接受。因此不能采用比估计量。

2. MPPS 抽样随机样本量的改进

MPPS 是有特定的入样概率的 Poisson 抽样，因而实现的样本量是随机样本量。关于 MPPS 抽样的随机样本量的改进主要有两种思路：一是引入序贯抽样的思想，构造序贯 MPPS 抽样方法；二是引入配置抽样的方法对永久随机数进行修匀。

（1）序贯 MPPS 抽样。序贯抽样的思想是计算总体每个单元的排序变量值，然后由排序变量最小的 n 个单元构成样本。我们构造序贯 MPPS 抽样，也是从计算单元的排序变量开始。

序贯抽样的排序变量主要有两种形式：一是奥尔森（Ohlsson，1995）使用排序变量 $\xi_{1i} = \dfrac{r_i}{\pi_i}$，即我们通常称作序贯 Poisson 抽样的排序变量；二是萨韦德拉（1995）提出的不等比率序贯 Poisson 抽样技术（Rosen 称之为 Pareto πps 抽样）排序变量 $\xi_{2i} = \left[\dfrac{r_i}{(1-r_i)}\right]\left[\dfrac{\pi_i}{(1-\pi_i)}\right]^{-1}$。经过实证验证，该方法能减小 HT 估计量的方差。

序贯 MPPS 抽样也可以使用这两种方法构造排序变量，之后按照排序变量将总体的单元进行排序，抽取最初的 n 个单元构成样本。于是 MPPS 抽样的样本量就确定下来，排除了出现空样本的可能性。该抽样方法与前述序贯 Poisson 抽样具有完全相同的性质。

（2）配置 MPPS 抽样。与 Poisson 抽样一样，虽然永久随机数在 [0，1] 是均匀分布的，但随机数之间的间隔并不相等，甚至随机数有可能会出现扎堆的情况，因此 MPPS 抽样得到的样本量也是随机变量。于是我们想到另外一个减少但不是消除 MPPS 抽样样本量的随机性的方法是将配置抽样的思想引入到 MPPS 抽样中，在抽样之前先对永久随机数进行修匀，如前所述，记转化随机数：

$$r_i' = \frac{\text{rank}(r_i)}{N} \qquad (3-27)$$

该随机数参与后续抽样过程。如此操作时调查单元的随机数均匀分布，从而减少了样本量的变化，特别是减少了抽到空样本的可能性。

需要注意的是，由于随机数进行了调整，所以有新的单元产生时，与之相随的随机数不能直接用于抽样过程，而需要对所有单元的随机数重新进行调整。显然，每当有单元产生时都要调整随机数。为了保证随机数的永久性，要坚持单元的原始随机数与调查单元一一对应。每次都要从原始的随机数进行调整，否则难以保证随机数与调查单元的唯一确定性。因此该方法不适用于对变动较大的总体的调查。

3. 将 PoMix 抽样方法的思想引入到 MPPS 抽样中

PoMix 抽样是永久随机数法抽样技术的最新发展，是用于调查中常见的偏斜总体的一种调查方法。PoMix 方法可以看作两种传统的 Poisson 抽样的结合：Bernoulli 抽样（总体中的所有单元都有固定的入样概率的 Poisson 抽样）和 Poisson πps（入样概率与总体规模的测度 x_k 严格成比例的 Poisson 抽样）。PoMix 抽样实际上采用由固定概率和与规模成比例入样概率的组合而成的入样概率的 Poisson 抽样。PoMix 抽样更加适合高度偏斜的总体的调查，而且可以产生比 Poisson πps 抽样更精确的估计量，而传统的 Poisson πps 抽样只有在入样概率与规模的测度有很强的相关性的条件下才能实现较好的估计量。

$$\pi_i = Q\pi_i^{BE} + (1-Q)\pi_i^{\pi ps} \tag{3-28}$$

其中 $Q = \dfrac{B}{f}$ 是混和比率，在 Bernoulli 抽样中对于所有的 $k \in U$ 有 $\pi_i^{BE} = f$，

在 Poisson πps 抽样中有 $\pi_i^{\pi ps} = A_i = \dfrac{nx_i}{\sum_U x_i}$。于是：

$$\pi_i = Qf + (1-Q)A_i \tag{3-29}$$

由式（3-29）不难看出，PoMix 抽样的入样概率是 Bernoulli 抽样和 Poisson πps 抽样的入样概率的线性组合。

在 MPPS 抽样中，入样概率 $\pi_i = \min\left\{1, \max\left\{n_1 \dfrac{x_{i1}^g}{\sum_U x_{i1}^g}, \cdots, n_m \dfrac{x_{iM}^g}{\sum_U x_{iM}^g}\right\}\right\}$，通过 g 的设定虽然也能缩小规模差异很大的单元的入样概率的差异，但是此时入样概率的含义很难解释。将 PoMix 抽样的思想引入到 MPPS 抽样以后，在计算 MPPS 抽样的入样概率时直接设定 $g=1$。这样一来对于单个调查变量的入样概率 $\pi_{im} = n_m \dfrac{x_{im}}{\sum_U x_{im}}$，直接与其规模在总体中的比重成比例，其实际含义直观的多。在此基础上进一步调整

调查单元的入样概率:

$$\pi_i'' = Qf + (1 - Q)\pi_i \qquad\qquad (3-30)$$

其中 π_i 是采用 MBS 抽样的 "取大取小" 的方法确定的入样概率,我们通过混和比率 Q 将其与 Bernoulli 抽样的比率线性组合起来构成新的入样概率 π_i''。按照 Poisson 抽样方法抽取样本,即抽取永久随机数 $r_i \leqslant \pi_i''$ 的单元构成样本。

将 PoMix 抽样的思想引入到 MPPS 抽样中,可以相对提高规模很小的单元的入样的可能性,相对降低了规模很大的单元的入样的可能性。从调整后的入样概率式(3-30)很容易看出,调整后的入样概率有一个下限,即 $\pi_i'' > Qf$,于是永久随机数 $r_i \leqslant Qf$ 的单元全部入样。永久随机数 r_i 与单元的规模无关,从理论上说单元在 [0,Qf] 也是均匀分布的,也就是所对于 $r_i \leqslant Qf$ 的单元,不论规模如何,单元都有相同的入样的可能性。当 $r_i > Qf$ 时,规模越大,单元入样的可能性越大。于是从总体来看,规模很小的单元的入样可能性相对提高。对于固定的期望样本量,规模很大的单元的入样的可能性相应的降了下来,缩小了单元的入样概率之间的差异。这对于注重小规模单元的发展变化情况的调查有非常重要的意义。

我们采用某省 2014 年的农业数据进行测算发现,采用 MBS 方法设定的单元的入样概率和用式(3-30)设定的单元的入样概率非常接近(设定 B=0.3f)。抽样的结果,二者得到的入样概率在 0.3 以上的调查单元是完全一样的。因此可以断定,PoMix 抽样能够缩小调查单元的入样概率之间的差异。只要合理的设定 Bernoulli 宽度,采用 MBS 方法和 PoMix 抽样方法可以达到近似的抽样结果。

在 MPPS 抽样中引入 PoMix 抽样的思想有利于改进估计量。在不等概率抽样中通常采用入样概率的倒数为权数对目标量进行加权估计。规模很小的单元入样概率很小,但是其倒数却非常大,于是很容易导致估计量的偏倚。在 MPPS 抽样中引入 PoMix 抽样的思想之后,由于相对提高了规模很小的单元的入样概率,所以其在估计中的权数会降低而不至有过大的权数。由于在 MPPS 抽样中引入 PoMix 抽样后的抽样方法能较好地处理规模较小的单元入样和估计的问题,因此该抽样方法特别适用于高度偏斜的总体的调查。克罗格、沙恩达尔和泰伊卡里(2003)进行过相应的测算,总体的偏斜程度越大,相对于其他的抽样方法,

69

PoMix 抽样的估计精度越高。另外在 MPPS 抽样中引入 PoMix 抽样的思想，不影响 MPPS 抽样的优势的发挥。MPPS 抽样能有效地解决多目标调查问题，为多层次调查和样本轮换的实现奠定了基础，而且可以引入序贯抽样的思想解决随机样本量问题。在 MPPS 抽样中引入 PoMix 抽样的思想之后，只是在其入样概率上进一步进行调整，MPPS 抽样的其他优势都可以照常发挥。

第4章 永久随机数法抽样技术的多层次调查问题研究

4.1 多层次调查问题的研究现状

我国政府按照中央政府统一领导全国，地方各级政府分级管理的原则管理国家事务。我国的政府体系可以分为国家级、省级、地级、县级、乡镇级五级决策和管理单元，实行分级管理和多层次决策。各级政府进行行政管理，必须首先了解本地区的经济、社会发展情况，因而需要相关的统计信息。在计划经济体制之下，统计信息的获取主要依靠统计报表制度，统计信息自下而上逐级汇总而成。但是在市场经济条件下，经济发展日新月异，各种经济成分都很活跃。此时政府获得统计信息虽然仍然以普查的统计报表为基础，但是抽样调查方法成为我国政府获得统计信息的主体。这是因为抽样调查可以用样本推断总体，相对于全面调查的统计报表制度有更高的时效性和经济性，可以大大地提高工作效率。

为了满足本级管理的需要，国家、省、地、县、乡镇各级分别要搜集信息，而抽样调查是搜集信息的主要渠道之一。如果各级分别独立进行抽样调查，那么统计调查部门的工作量将非常庞大，相应的调查成本很高而工作效率很低。因此在多层次调查中如何尽可能多地实现样本的兼容，满足分级管理的需要是近年来抽样专家普遍关注的问题。这里提到的样本兼容，是指尽可能地使上一级的样本单元包含在下一级样本中，如使省级的样本单元包含在地级样本中，地级样本单元包含在县级样本中（这里仅以省级与地级为例进行说明，其他上下级样本兼容的处理方法相同）。当前实现样本兼容的思路主要有两种：

（1）采用自下而上的思路，即市级先抽样本，在市级抽中的样本单元中抽取省级样本单元。当前采用这种思路的主要方法是县县抽样和ABC三级一套样本设计。

县县抽样是基于层层抽样的思想，在整个国家或地区范围内各个行政县（市、区）分别独立的组织抽样和推断，综合汇总之后得到全国或地区的统计数据资料。县县抽样能够获取县、市、省和国家管理所需要的统计资料，一定程度上继承了全面统计报表制度的优越性，可以获得所有县的资料，能满足分级管理体制的要求。

ABC三级一套样本设计也是采用自下而上的思路来解决分级管理所需要的信息。这是河南省统计局提出的一种方法。这种方法综合使用了分层抽样、二重抽样和目录抽样技术，设计出三级一套样本，以使三级调查的样本实现兼容。其设计思路为：以省为总体，市为次总体，县为层，分别抽取省级（A）样本、市级（B）样本、县级（C）样本。具体说来，在县级按照目录抽样的方法抽取样本；所有的县级样本单元构成市级抽样的总体，抽取市级样本；所有的市级样本单元构成省级抽样的总体，抽取省级样本。从ABC三级一套样本的设计原理上不难看出，这种抽样方法能很好地实现样本兼容，而且采用多种抽样方式相结合，能有效地提高估计的效率。这种方法的主要弱点在于其目标估计量和估计量的方差估计缺乏理论依据。

自下而上的抽样思路主要有如下弱点：第一，由于所有的县都进行抽样，所需的调查经费非常庞大，这有悖于抽样调查的经济性的优势；第二，由于抽样调查涉及所有的县，因此抽样调查和估计推断的结果直接受到所有县的制约，也就是说县县抽样的工作效率直接受到各个县的制约，这有悖于抽样调查时效性的优势；第三，由于抽样调查涉及所有的县，而各个县的调查和估计很难统一，抽样调查准确性难以得到保证。因此自下而上的抽样思路虽然很简单、直接，但是由于其自身难以克服的弱点而使其在实践中的应用有很大的局限性。

（2）采用自上而下，即使上一级的样本单元分布在下一级样本中，下一级的样本是在上一级样本单元的基础上适当追加单元，以构成本级调查所需的样本。当前采用这种思路的是由冯士雍（2001）提出的样本追加策略。

　　样本追加策略是实现多层次调查的一种可行方案，并已经在《中国妇女社会地位调查》（2001）以及《限额以下批发零售贸易业、餐饮业抽样调查》（2002）等一些实际性项目中得到应用并取得了很好的效果。样本追加策略的基本思想是：首先是上一级为满足本级管理的需要而抽取样本，而该样本落入下一级调查中的单元构成的样本对本级的代表性往往不能达到要求，于是在上一级落入本级的样本单元的基础上追加一定的样本单元以构成本级调查的样本。

　　样本追加策略的优势主要表现在三个方面。第一，样本追加策略很好地实现了多级样本兼容。样本追加策略的原理告诉我们，下一级的样本是在上一级样本的基础上追加调查单元而构成的，因此上一级的调查单元完全落入下一级样本中，完全实现了样本的兼容，这对于提高样本的使用效率，节约调查成本有重要意义。第二，样本追加策略有很好的灵活性，避免了自下而上的调查思路中所有的县都进行抽样的要求，只要求有估计需求的地区追加样本，这样就大大提高了调查的灵活性。第三，利用样本追加策略，可以监测和提高上级目标量的估计精度。样本追加策略的技术难点在于如何使追加的样本单元的数量和分布更好地满足本级管理的需要，如何进行目标量估计以及如何测定精度等。

　　永久随机数法抽样技术中，由于随机数与调查单元有唯一确定性，因此其主要优势在于能很好地实现样本兼容。将永久随机数法抽样技术应用在多层次调查中，可以方便地实现样本追加，并使抽到的样本对本级总体有很好的代表性。由于永久随机数法抽样技术实施起来非常方便，而且又能方便地实现与规模成比例不等概率抽样、多目标调查，并能有效地实现样本轮换，同时可以找到与其相适应的目标估计量的方法和估计精度的计算方法，因而永久随机数法抽样技术不失为一种解决多层次调查问题的有效方法。

4.2　永久随机数法抽样技术实现多层次调查的原理——同步抽样的样本兼容

　　同步抽样（synchronized sampling）是一种在不同的调查中控制样本重叠率、在重复调查（repeated sampling）中控制样本轮换的方法。本部分首先讨论在不同的调查中控制样本重叠的有关问题，关于样本轮换问题我们将另辟章节讨论（本部分提到的同步调查主要是在相同或相近的抽样框中同时进行的抽样调查）。同步调查中的关键问题就是样本兼容问题。永久随机数法抽样技术通常采用抽样区间来确定样本，于是可以通过抽样区间的平移有效的控制不同调查的样本重叠，于是能有效地实现样本兼容。这种样本重叠率的控制对于企业调查中分散回答负担，提高工作效率等都具有重要的意义。

我国调查领域的多层次调查问题就是同步调查的一个应用。在多层次调查中，各级部门为了满足本级对信息的需要分别要进行调查。为了节约调查费用，在抽样设计时要尽量实现样本的兼容。永久随机数法抽样技术的同步调查问题可以有效地实现多层次调查的样本兼容，同时还可以在需要分散回答误差时，尽量分散样本，减少样本之间的重叠率。因此同步调查的内涵比较广泛，不仅仅是多层次调查问题。为了完整起见，我们首先系统讨论永久随机数法抽样技术中的序贯简单随机抽样、Bernoulli 抽样、Poisson 抽样等与规模成比例的不等概率抽样技术在同步调查控制样本的重叠的方法，这是我们采用永久随机数法抽样技术实现多层次抽样调查的理论基础。

4.2.1　序贯简单随机抽样中同步抽样

假定我们从共有 N 个调查单元的抽样框中抽取样本量为 n 的序贯 srswor 样本。由于 $[0, 1]$ 区间可以看作一个循环的系统，因而实际上抽取样本时可以从抽样框的任何一点开始顺序抽取样本。这为实现同步调查中的样本兼容奠定了基础。

在同一抽样框中抽取多个样本时，为了控制样本的兼容，要在抽样过程中采用相同的抽样方向。习惯上向右抽取样本。选择 $[0, 1]$ 中的两个常数 a_1、a_2。假定两个不同的调查期望样本量分别是 n_1、n_2，且 $n_1 < n_2$。抽取 n_1 个永久随机数在 a_1 右侧的单元构成第一个样本，抽取 n_2 个永久随机数在 a_2 右侧的单元构成第二个样本。我们采用序贯 srswor 抽样方法可以有效地控制样本的兼容。

1. 完全重叠的样本

由于 $n_1 < n_2$，采用序贯 srswor，只要两个抽样都采用相同的抽样起

点和相同的抽样方向，就可以使样本 1 包含在样本 2 中，如图 4 – 1（a）所示。

2. 两个样本之间有一定的重叠

要使两个调查抽到的样本中有 n' 个单元相同，可以从 a_1 开始抽取样本 1；在 a_1 点右侧 $n_1 - n'$ 个单元之后开始抽取样本 2，于是两个调查可以有 n' 个单元重叠，如图 4 – 1（b）所示。

3. 抽取两个完全不同的样本

在调查中为了分散回答负担，可能会要求两次调查的样本尽可能不同，此时应当使抽样起点 a_1、a_2 之间拉开适当的距离〔如图 4 – 1（c）所示〕。如果总体足够大（$N > n_1 + n_2$），可以抽到完全不同的样本。当 $N < n_1 + n_2$ 时，虽然不能实现完全不同的样本，但是我们可以尽可能地缩小样本重叠率，如可以从一次调查抽样的终点开始同向抽取另一次调查的样本，由于〔0,1〕可以看作循环的系统（如图 2 – 2 所示），所以总能抽到足够多的样本单元构成第二个调查的样本。在总体单元的数量 N 足够大时，在同一个抽样框内可以得到多个完全不同的样本。

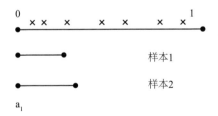

图 4 – 1（a）　序贯 srswor 抽取完全重叠的两个样本

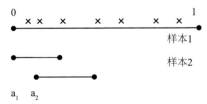

图 4 – 1（b）　序贯 srswor 抽取有一定重叠的样本

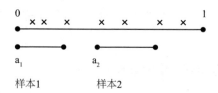

图 4 - 1（c）　序贯 srswor 抽取完全不同的样本

4.2.2　Bernoulli 抽样中的同步抽样

Bernoulli 抽样是 Poisson 抽样的等概率抽样的特例，所有单元的入样概率 $\pi_i = f$，其中，$f = \dfrac{n}{N}$ 为抽样比。Bernoulli 抽样是抽取永久随机数满足 $r_i < f$ 的单元。与 Poisson 抽样一样，Bernoulli 抽样也可以在 ［0，1］ 随机选择起点 a，即抽取随机数满足 $a \leqslant r_i < a + f$ 的单元构成样本。Bernoulli 抽样同样有随机样本量的弱点，在抽样调查中有可能会出现空样本。

1. Bernoulli 抽样的样本兼容

布鲁尔等（Brewer et al.，1972）提出关于 Bernoulli 样本的兼容问题。样本兼容可以通过选择使用适当的起点 a 来实现。我们先讨论在同一抽样框中的两个调查的情形，关于多个调查的情形可以以此类推。为了讨论的方便，首先设定抽样起点 a =0 的情况；其次推广至 a≠0 的情形。

对同一抽样框进行两次不同的调查，可以通过控制抽样区间控制样本兼容。两个调查的期望样本量分别是 n_1、n_2，那么两个抽样的抽样比分别为 $f_1 = \dfrac{n_1}{N}$、$f_2 = \dfrac{n_2}{N}$。于是在抽样起点 a =0 时，第一个抽样是抽取永久随机数 r_i 满足 $0 \leqslant r_i < f_1$ 的单元构成样本 1，第二个调查是抽取 $0 \leqslant r_i < f_2$ 的单元构成样本 2。如果 $f_1 \leqslant f_2$，则样本 1 完全包含在样本 2 中。如图 4 - 2（a）所示。

如果我们把要实现的重叠率记为 o，那么第一个调查仍抽取永久随机数满足 $0 \leqslant r_i < f_1$ 的单元构成样本 1，而第二个调查要抽取 $(1 - o)f_1 \leqslant r_i < (1 - o)f_1 + f_2$ 的单元构成样本 2，此时，记新的抽样起点 $s = (1 - o)f_1$，终点 $e = (1 - o)f_1 + f_2$，如图 4 - 2（b）所示。特别的，当样本重叠率为 0 时，也就是说我们在调查中要实现两个完全不同的样本，

如果第一个调查仍然抽取永久随机数满足 $0 \leqslant r_i < f_1$ 的单元构成样本 1，那么应抽取永久随机数满足 $f_1 \leqslant r_i < f_1 + f_2$ 的单元构成样本 2，更一般的只要抽取永久随机数满足 $a' \leqslant r_i < a' + f_1 + f_2$ 的单元就可以构成样本 2，其中，$a' \geqslant f_1$［如图 4 - 2（c）所示］。要注意的是 $a' + f_1 + f_2 \leqslant 1$。如果 $a' + f_1 + f_2 > 1$，虽然通过循环处理也可以实现抽样，但是由于第一个调查起点是 0，所以就会产生样本的重叠。当抽样区间之和不大于 1 时，可以产生更多个不重叠 Bernoulli 样本。

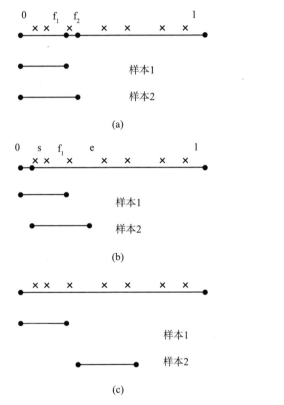

图 4 - 2　Bernoulli 抽样的样本兼容

当抽样起点 $a \neq 0$ 时，只要抽样起点平移至 a 即可。例如，第一个调查的起点记为 a_1，则第一个调查是抽取永久随机数满足 $a_1 \leqslant r_i < a_1 + f_1$ 的单元构成样本 1；第二个调查的抽样起点为 a_2，第二个调查要抽取永久随机数满足 $a_2 < r_i \leqslant a_2 + f_2$ 的单元构成样本 2。仍记两个调查的样

本重叠率为 o，那么第二个调查的抽样起点 $a_2 = a_1 + (1 - o)f_1$，抽样区间为 $a_1 + (1 - o)f_1 \leqslant r_i < a_1 + (1 - o)f_1 + f_2$。当需要抽取两个完全不同的样本时，$a_2 > a_1 + f_1$。此时要特别注意抽样区间的终点大于 1 时需要进行循环处理时的样本重叠控制，防止抽样区间折回 0 点时，在第一个调查的起点处发生样本的重叠。

2. Bernoulli 抽样与序贯 srswor 的样本兼容

当 $a = 0$ 时，Bernoulli 抽样和序贯 srswor 中都是抽取有小的随机数 r_i 的单元入样。不同之处在于序贯 srswor 抽取随机数最小的 n 个单元，而 Bernoulli 抽样抽取永久随机数处于（0，f］的单元构成样本（见图 4 - 3）。

图 4 - 3　Bernoulli 抽样和序贯 srswor

在同一抽样框中同时进行序贯 srswor 和 Bernoulli 抽样，抽取样本之间的差异是由 Bernoulli 样本量的随机性引起的。这是因为虽然永久随机数在 ［0，1］ 均匀分布，但是在给一个有限的抽样框的调查单元赋予永久随机数时，我们不能保证产生的永久随机数是均匀分布的。这就是样本随机性的原因所在。如果我们调整随机数使其在 ［0，1］ 之间等距离分布，那么如果采用相同的抽样起点，序贯 srswor 和 Bernoulli 抽样将会实现完全相同的结果。

序贯 srswor 是通过抽取的样本量来控制样本的重叠，即通过规定样本重叠的数目来实现样本的重叠。抽样的结果是能够完全实现预定的样本重叠。而 Bernoulli 抽样是通过抽样区间的设定来控制样本重叠，由于样本量的随机性，最终实现的样本重叠有可能与预定的样本重叠率有一定的出入。对于需要产生完全不同的样本的调查，在序贯 srswor 中重叠只能是不大可能发生，并不是绝对不可能。虽然永久随机数在 ［0，1］ 是均匀分布的，但不是等距离分布。除非是在抽完一个调查的样本时再抽另外一个样本，若同时抽取样本，如果不能正确地估计所选定的抽样起点之间的单元，样本的重叠就可能发生。而 Bernoulli 抽样是确定永久随机数所处的区间，这样就可以避免样本的重叠。Bernoulli 抽样的这一优点将会平衡其随机样本量的缺点。

4.2.3　与规模成比例抽样中的同步抽样

需要采用不等概率抽样的原因通常有两种：一是调查单元的规模有较大的差异，二是调查单元在总体中所占的地位不一致。如果我们把调查单元在总体中所占的地位也看作是广义的规模的话，那么不等概率抽样的原因主要就是由于调查单元的规模差异引起的。如果可以找到对规模的适当测度数据的话，我们采用永久随机数法抽样技术很容易实现与规模成比例的不等概率抽样。

永久随机数法抽样技术中常用到的不等概率抽样方法主要有 Poisson 抽样、序贯 Poisson 抽样、不等比率序贯 Poisson 抽样、PoMix 抽样、配置抽样以及我们上一章提到的解决多目标调查问题的 MPPS 抽样。根据我们第 2 章按照样本量是否确定将永久随机数法抽样技术重新分类的结果可以将永久随机数法抽样技术分为两类，即随机样本量的抽样技术和固定样本量的抽样技术，其中随机样本量的抽样技术以 Poisson 抽样为代表，而固定样本量的抽样技术以序贯 Poisson 抽样为代表。其他抽样技术可以看作是这两种抽样技术的拓展，序贯 srswor 和 Bernoulli 抽样是这两种抽样技术的等概率抽样特例。

Poisson 抽样是抽取永久随机数满足 $a \leqslant r_i < a + \pi_i$ 的单元，特别的，如果 $a = 0$，则 Poisson 抽样是抽取永久随机数 r_i 小于入样概率 π_i 的单元，其中 $\pi_i = np_i$，p_i 是单元的规模占总体规模总量的比重，或者称为相对规模。由于永久随机数 r_i 均匀分布，因而单元的规模较大则被抽中的可能性相应较大，所以 Poisson 抽样是严格的与规模成比例的不等概率抽样。Poisson 抽样实现的样本量 $\tilde{m}$ 是一个随机变量。序贯 Poisson 抽样技术旨在解决 Poisson 抽样中样本量不确定的问题。首先计算排序变量 $\xi_i = \dfrac{r_i}{p_i}$；其次将抽样框中的所有单元按照 ξ_i 排队，并抽取排序后的总体中最初的 n 个单元构成样本。对于 Poisson 抽样中抽样起点 $a \neq 0$ 的情形，即 Poisson 抽样中抽取永久随机数满足 $a \leqslant r_i < a + \pi_i$ 的单元，在构造有固定样本量的序贯 Poisson 抽样方法时，通常先转化永久随机数，

使 Poisson 抽样的起点归零，即设定新的随机数 $r_i' = r_i - a$，$r_i' < 0$ 进行循环调整，令 $r_i'' = r_i' + 1$。于是在 Poisson 抽样中抽取 $a \leqslant r_i < a + \pi_i$ 的单元相当于在新的随机数条件下抽取 $0 \leqslant r_i' < \pi_i$ 的单元，于是在计算排序变量 $\xi_i = \dfrac{r_i'}{p_i}$，将抽样框重新排序后，抽取最初的 n 个单元构成样本。

在同一抽样框中要抽取多个调查样本，这里再一次强调调查单元与永久随机数的唯一确定性，也就是说在同一抽样框中，为了有效地实现样本的兼容，无论进行多少个调查，抽样框中的每个调查单元只有唯一的一个永久随机数作为其在抽样框中的标志。虽然为了某种原因可能需要对永久随机数进行调整，如计算排序变量、对永久随机数进行修匀等，但是一定要保证原始永久随机数与调查单元的唯一确定性。有新的抽样单元进入抽样框时，新的随机数一定要在产生原始随机数停下来的地方继续产生的。如果参与抽样的随机数需要调整，那么就将新的随机数与原始随机数一起调整，而不能让新产生的随机数直接进入抽样过程。

1. Poisson 抽样的同步调查

在同一抽样框中抽取多个与规模成比例的样本有两种情形需要考虑：一种是所有的调查都采用一种入样概率，另一种情形是不同的调查采用不同的入样概率。

（1）不同的调查采用相同的入样概率。同一抽样框进行不同的调查，如果各调查的单元都采用相同的入样概率，而各单元的永久随机数又是唯一的，根据 Poisson 抽样的原理，如果采用相同的抽样起点和抽样方向，那么两次调查必然得到完全相同的样本。

在很多调查中，一方面为了节约调查费用，另一方面为了分散回答负担，往往要求相邻的两个调查的样本存在重叠，假定样本重叠率为 o，这就需要通过重新设定抽样起点来重新设定抽样区间来实现。与 Bernoulli 抽样不同之处在于，Bernoulli 抽样在实现样本兼容时，抽样区间的两个端点是抽样比的函数，所有的调查单元都参照一个抽样区间进行抽样，而 Poisson 抽样在调查中引入了入样概率，于是每个调查单元的抽样区间也引入了入样概率，各不相同。

我们首先讨论抽样起点 a = 0 的情况，之后我们将扩展到 a ≠ 0 的情

形。在第一个调查中，按常规的 Poisson 抽样方法抽取永久随机数满足

$$r_i < \pi_i \qquad (4-1)$$

的单元入样。第二个调查要抽取永久随机数满足

$$(1-o)\pi_i \leqslant r_i < (2-o)\pi_i \qquad (4-2)$$

的单元。比较式（4-1）和式（4-2）不难发现，两个调查的抽样区间的跨度是完全相同的，因此这抽样的原理是一致的。永久随机数在 [0,1] 均匀分布，因此将抽样区间平移 o 将会使两调查的样本重叠率为 o。当然，由于 Poisson 抽样的随机样本量的特征，最终实现的样本重叠率也不是确定的 o，而是以 o 为期望的随机变量。

我们知道，[0,1] 区间可以看作循环的系统。为了控制两个调查的样本的重叠，必须使抽样区间的终点满足：

$$(2-o)\pi_i \leqslant 1 \qquad (4-3)$$

也就是说，必须使所有的调查单元的入样概率满足：

$$\pi_i \leqslant \frac{1}{(2-o)} \qquad (4-4)$$

否则就会出现抽样区间的重叠，不能保证得到样本重叠率为 o 的不同样本。

当抽样起点 a≠0 时，进一步平移抽样起点。第一个调查抽取永久随机数满足：

$$a \leqslant r_i < a+\pi_i \qquad (4-5)$$

的单元，则与其有样本重叠率 o 的第二个调查应抽取永久随机数满足：

$$a+(1-o)\pi_i \leqslant r_i < a+(2-o)\pi_i \qquad (4-6)$$

的单元。同样道理，为了控制样本重叠率，必须使抽样起点和抽样重点在 [0,1] 的一次循环中，即要求抽样框中所有的调查单元满足式（4-4）。

对于极端的情形，在同一抽样框中要找到完全不同的样本，即样本重叠率 o=0，第一个调查抽取满足式（4-5）的单元，则第二个调查必须抽取满足：

$$a+\pi_i \leqslant r_i < a+2\pi_i \qquad (4-7)$$

的单元。根据式（4-4）的要求，抽样框中所有的调查单元入样概率不能大于 $\frac{1}{2}$，否则就会出现抽样区间的重叠，不能有效地控制样本重叠率。例如假定某一单元的入样概率为 0.6，而其永久随机数为 0.1，永

81

久随机数小于调查单元的入样概率，因此该单元进入第一个样本。第二个样本抽取满足 [0.6，1] 或 [0，0.2) 的单元，显然该单元也出现在第二个样本中，于是样本中的调查单元出现了重叠。所以要在同一抽样框中得到两个完全不同的样本，必须使所有的调查单元的入样概率满足 $\pi_i \le \frac{1}{2}$。同理，如果要得到三个完全不同的样本，第三个调查则要抽取永久随机数满足 $2\pi_i \le r_i < 3\pi_i$ 的单元。要想得到三个完全不同的样本，必须使所有调查单元的永久随机数满足 $3\pi_i \le 1$，即 $\pi_i \le \frac{1}{3}$。

（2）不同的调查采用不同的入样概率。通常情况下，Poisson 抽样技术抽取永久随机数小于入样概率的单元构成样本。我们已经强调过，同一调查单元与其对应的永久随机数是唯一确定的，那么对于不同的调查，不同主要表现在入样概率计算的不同上，而入样概率的计算往往与选定的辅助变量有关。

①不同的调查采用相同的辅助变量计算入样概率。在同一抽样框中，如果不同的调查采用相同的辅助变量计算入样概率，则单元在各个调查中的入样概率之间往往存在一定的关系。如果能找到并掌握单元的不同的入样概率之间的关系，就可以有效地控制不同调查之间的样本兼容。假定调查单元 i，如果在第一个调查中的入样概率记为 π_{1i}，在第二个调查中的入样概率记为 π_{2i}，假定可以证明 $\pi_{1i} < \pi_{2i}$。

第一，抽取完全重叠的样本。

我们仍然首先考虑抽样起点 a = 0 的情形。由于调查单元有唯一确定的随机数，第一个调查是抽取永久随机数满足 $r_i < \pi_{1i}$ 的单元，第二个调查是抽取满足 $r_i < \pi_{2i}$ 的单元，又有 $\pi_{1i} < \pi_{2i}$，那么如果 $r_i < 2\pi_{1i}$，必有 $r_i < \pi_{2i}$，于是第一个调查的 Poisson 样本将全部落在第二个调查的 Poisson 样本中。这就是我们应用 Poisson 抽样解决我国多层次调查兼容问题的原理。

第二，抽取有一定重叠率的样本。

假定两个调查要求实现的样本重叠为 on_1。第一个调查抽取满足 $r_i < \pi_{1i}$，则第二个调查则应抽取满足：

$$(1 - o)\pi_{1i} \le r_i < (1 - o)\pi_{1i} + \pi_{2i} \qquad (4 - 8)$$

的单元。

第三，抽取完全不同的样本。

第一个调查仍然抽取满足 $r_i < \pi_{1i}$ 的单元，要想得到两个完全不同的样本，第二个调查要抽取满足 $\pi_{1i} \leqslant r_i < \pi_{2i}$ 的单元。此时要求 $\pi_{1i} + \pi_{2i} \leqslant 1$，在该抽样框中不能得到完全不同的两个样本。

在抽样起点 $a \neq 0$ 时，将两个调查的抽样起点平移，仍然按照上述操作，就可以得到预期的样本。

②不同的调查采用不同的辅助变量计算入样概率。在同一抽样框中，不同的调查采用不同的辅助变量计算入样概率，于是同一单元在各个调查中的关系很难掌握。实际上就转化成第 3 章的多目标调查问题。我们在第 3 章有详细地说明，当有多个目标变量，各目标变量根据各自的辅助信息分别为调查单元计算不同的入样概率时，通常采用 MBS 抽样中"取大取小"的方法确定入样概率，而后采用该入样概率抽取样本。该抽样方法是在入样概率的确定上兼顾多个调查目标变量，与我们本章谈到的多个调查的样本兼容问题有所不同。

2. 序贯 Poisson 抽样的同步调查

序贯 Poisson 抽样是在 Poisson 抽样的基础上计算排序变量 $\xi_i = \dfrac{r_i}{p_i}$，

在进行抽样时，排序变量代替永久随机数参与抽样过程，因此如果调查单元的入样概率的计算采用完全不同的辅助变量，那么代表调查单元的排序变量就会大相径庭，于是无法实现不同的序贯 Poisson 样本的兼容。在序贯 Poisson 抽样中，只有各个调查都采用相同的辅助变量，而且相对规模的测度都一致时，才能实现同步调查的样本兼容。

我们知道，调查单元的入样概率 $\pi_i = np_i$，因此入样概率还取决于样本量。

（1）两个调查采用相同的抽样起点。序贯 Poisson 抽样的同步调查问题通常需要从 Poisson 抽样转化过来。假定要求在同一抽样框中抽取有 on_1 个单元重叠的样本，样本量分别是 n_1 和 n_2 样本。首先要计算调查单元的入样概率，$\pi_{1i} = n_1 p_i$，$\pi_{2i} = n_2 p_i$，计算排序变量 $\xi_{1i} = \xi_{2i} = \dfrac{r_i}{p_i}$，抽样框按照排序变量进行排队。

如果两个调查在 Poisson 抽样中的抽样区间都从 0 点开始设定，则在两个调查中都是抽去排队后的抽样框中的最初的单元构成样本。假设

$n_1 < n_2$，则第一个调查的样本完全包含在第二个调查的样本中。

（2）两个调查实现一定的样本重叠率。不妨假定第一个调查采用从 0 点开始抽样的 Poisson 抽样转化而来的序贯 Poisson 抽样抽取样本，抽取最初的 n_1 个单元构成样本。要实现第二个调查有比例为 o 的单元与第一个调查重叠，也就是说有 on_1 个单元与第一个调查重合，如果采用 Poisson 抽样，第二个调查就要抽取永久随机数满足：

$$(1-o)\pi_{1i} \leq r_i < (1-o)\pi_{1i} + \pi_{2i} \qquad (4-9)$$

的单元构成样本。不等式的三项都除以相对规模 p_i 得到排序变量的区间，则新的抽样区间为：

$$(1-o)n_1 \leq \frac{r_i}{p_i} < (1-o)n_1 + n_2 \qquad (4-10)$$

即在按照排序变量的排序后的抽样框中，舍弃最初的 $(1-o)n_1$ 个单元，开始抽取新的样本，于是实现了在同一抽样框中两个同步调查的样本兼容。特别的，如果要抽取两个完全不同的样本，即样本重叠率为 $o=0$，第二个调查的抽样区间变成：

$$n_1 \leq \frac{r_i}{p_i} < n_1 + n_2 \qquad (4-11)$$

即从排序后的第 $n_1 + 1$ 个单元开始抽取 n_2 个单元。

Poisson 抽样中，抽样区间的终点 $(1-o)\pi_{1i} + \pi_{2i} > 1$ 时，可以进行循环处理，抽样区间由 $(1-o)\pi_{1i} \leq r_i \leq 1$ 和 $0 \leq r_i < (1-o)\pi_{1i} + \pi_{2i} - 1$ 两部分组成，这种抽样区间在序贯抽样中很难实现。因此只有在 Poisson 抽样的抽样区间的两个端点都在 [0，1] 的一次循环中时，序贯 Poisson 抽样实现的样本兼容才与 Poisson 抽样相一致，此时要求：

$$(1-o)\pi_{1i} + \pi_{2i} \leq 1 \qquad (4-12)$$

对于 Poisson 抽样中抽样起点 $a \neq 0$ 的情形，即 Poisson 抽样中抽取永久随机数满足 $a \leq r_i < a + \pi_i$ 的单元，如前所述，在构造有固定样本量的序贯 Poisson 抽样方法时，通常先转化永久随机数，使 Poisson 抽样的起点归零，即设定新的随机数 $r_i' = r_i - a$，$r_i' < 0$ 进行循环调整，令 $r_i'' = r_i' + 1$。于是在 Poisson 抽样中抽取 $a \leq r_i < a + \pi_i$ 的单元相当于在新的随机数条件下抽取 $0 \leq r_i' < \pi_i$ 的单元，于是在计算排序变量 $\xi_i = \frac{r_i'}{p_i}$，将抽样框重新排序后，抽取最初的 n 个单元构成样本。与序贯 Poisson 的特点相适应，同步抽样中序贯抽样实现的重叠的样本量也是确定的样

本量。

（3）Poisson 抽样和序贯 Poisson 抽样在同步调查中实现样本的兼容显著不同。在 Poisson 抽样中，平移抽样区间，如要求两个调查达到样本重叠率 o 则抽取永久随机数满足式（4-6）的单元，虽然抽样起点发生了改变，但是抽样区间的跨度并没有变，始终是单元的入样概率，也就是说单元入样的可能性仍然是由其入样概率决定的，因此抽样的性质保持不变。

在实现同步调查的样本兼容时，序贯 Poisson 抽样方法虽然是 Poisson 抽样方法的变形，但是二者有显著的区别。从直观上看，永久随机数是均匀分布的，将抽样框按照排序变量 $\xi_i = \dfrac{r_i}{p_i}$ 由小到大的顺序排队，单元的相对规模 p_i 越大排序变量 ξ_i 越小，排在前面的可能性越大，这就是序贯 Poisson 抽样抽取使用 ξ_i 排序后的抽样框的最初的 n 个单元构成样本的原因。从理论上说，出现这种现象主要原因在于 Poisson 抽样要求永久随机数所在的区间可进行循环调整，而这一点在序贯 Poisson 抽样中很难实现，因此，要实现两个序贯 Poisson 抽样调查的样本兼容，首先两个调查必须采用相同的相对规模的测度；其次令其中一个调查抽取排序变量最小的单元构成样本；最后要求另外一个调查的所有的调查单元的入样概率都满足式（4-12），否则 Poisson 抽样和序贯 Poisson 抽样在同步调查中通过平移的办法实现的样本兼容的结果将大相径庭。

3. 实现 Poisson 抽样与序贯 Poisson 抽样在同步调查中的样本兼容

以上我们主要讨论了在同一抽样框中 Poisson 抽样或者序贯 Poisson 抽样在同步调查中的样本兼容问题。那么在同一抽样框中，采用 Poisson 抽样得到的样本能否和序贯 Poisson 抽样得到的样本实现样本兼容呢？

我们知道，在不等概率抽样中，单元的入样概率参与到抽样过程。只有有效地控制单元的入样概率才可能有效地控制样本兼容。单元的入样概率 $\pi_i = np_i$。假定两个调查有相同的相对规模测度 p_i。为了讨论问题的方便，仍然假定抽样起点 a = 0。之后我们将扩展到抽样起点 $a \neq 0$、两个调查有不同的样本量的情形。

（1）两个调查有相同的样本量 $n_1 = n_2 = n$。假定两个调查有相同的样本量，也就是说在两个调查中单元的入样概率相同。

①抽取两个完全相同的样本。在同一抽样框中进行的 Poisson 抽样和序贯 Poisson 抽样应该有很好的样本兼容，因为序贯 Poisson 抽样是为了将 Poisson 抽样的样本量确定下来而产生的抽样方法。从抽样原理上看，二者有非常接近的抽样条件。如果 Poisson 抽样抽取用随机数满足 $r_i < \pi_i$ 的单元，那么相应的序贯 Poisson 抽样便是在构造了排序变量之后抽取最初的 n 个单元构成样本，在这种情况下，两种抽样方法产生的差异是由 Poisson 抽样样本的随机性引起的。

②实现样本重叠率 o。Poisson 抽样中，在同一抽样框中如果要抽取两个重叠率 o 的样本，第一个调查抽取永久随机数满足式（4−1）的单元，第二个调查抽取永久随机数满足式（4−2）的单元。如果将该规则转化成序贯 Poisson 抽样，如前所述，在抽样框中所有的单元的入样概率都满足式（4−4）时，在抽样框按照排序变量排序后，首先抽取最初的 n 个单元构成第一个调查的样本，然后从 $(1-o)n$ 开始抽取第二个调查的样本，于是实现样本重叠率 o。根据以上讨论，如果一个调查采用 Poisson 抽样抽取满足 $r_i < \pi_i$ 的单元，那么在随机数等距离分布的情况下，将抽样框按照排序变量进行排序后，从第 $(1-o)n$ 个单元开始抽取 n 个单元构成的样本将与第一个调查实现样本重叠率 o。

特别的，如果要采用 Poisson 抽样和序贯 Poisson 抽样抽取两个完全不同的样本，即样本重叠率 $o = 0$，于是在所有调查单元的入样概率满足 $\pi_i \leq \frac{1}{2}$ 时，在抽样框的单元按照排序变量进行排序之后，从第 n 个单元开始抽取 n 个单元，就可以时得到两个采用不同的抽样方法得到的完全不同的样本。

（2）两个调查的样本量 n_1、n_2 不相同的情形。由于两个调查中单元的相对规模测度 p_i 相同，而样本量不同，$n_1 < n_2$。于是单元在两个调查中的入样概率 $\pi_{1i} < \pi_{2i}$。第一个调查中仍然采用 Poisson 抽样，抽取永久随机数满足 $r_i < \pi_{1i}$ 的单元构成样本。由于排序变量 $\xi_i = \dfrac{r_i}{p_i}$，因此在两个调查中排序变量是一致的。第二个调查的样本采用序贯 Poisson 抽样，如果抽取最初的 n_2，则第一个调查的样本应完全包含在第二个调查的样本中。如果要实现第二个调查的比例为 o 的单元与第一个调查的样本重

叠，在抽样框中所有的单元的入样概率都满足式（4-8）时，第二个调查从排序后的总体中第（1-o）n_1 个单元开始抽取 n_2 个单元构成样本，两个调查从理论上说将会有 on_1 个单元重叠，重叠单元数目的出入是由 Poisson 抽样的样本量的随机性引起的。

　　特别的，如果要抽取两个完全不同的样本，第二个调查可以从第 n_1 个单元开始抽取样本。与序贯 Poisson 抽样的同步抽样调查一样，此时要求所有的调查单元的入样概率都满足 $\pi_{1i} + \pi_{2i} \leqslant 1$。

　　（3）抽样起点 a≠0 的情形。如果抽样起点 a≠0，Poisson 抽样抽取永久随机数满足 a≤r_i<a+π_i 的单元，如果 a+π_i>1 则抽取永久随机数满足 a≤r_i<1 或者 0≤r_i<a+π_i-1 的单元构成样本。在序贯抽样中，通常先要调整随机数，使 Poisson 抽样的起点归零，即设定新的随机数 $r_i' = r_i - a$，如果 r_i'<0 则进行循环调整，令 $r_i'' = r_i' + 1$。于是在 Poisson 抽样中抽取 a≤r_i<a+π_i 的单元相当于在新的随机数条件下抽取 0≤r_i'<π_i 的单元。于是计算排序变量 $\xi_i = \dfrac{r_i'}{p_i}$，将抽样框重新排序后，进行序贯 Poisson 抽样，可以实现 Poisson 抽样的样本和序贯 Poisson 抽样样本的兼容。于是 Poisson 抽样和序贯 Poisson 抽样结果之间的差异只是由 Poisson 抽样的随机性引起的，我们可以通过调整修匀永久随机数来缩小两种抽样结果的差异。

4. 其他与规模成比例不等概率抽样在同步调查中的样本兼容问题

　　我们在第 2 章按照样本量是否确定将永久随机数法抽样技术分为两类，即随机样本量的抽样技术和确定样本量的抽样技术。

　　对于同一种抽样方法在同步调查中样本兼容的控制，随机样本量的抽样技术按照 Poisson 抽样实现同步调查中控制样本重叠的方法实现样本兼容，而确定样本量的抽样技术可以按照序贯 Poisson 抽样在同步调查的方法操作。

　　在不等概率抽样中，由于单元的入样概率参与到抽样调查的过程，而同一单元的入样概率在不同的调查中很难控制，因此对于采用不同的入样概率的抽样方法很难控制同步调查中的样本兼容，如 Poisson 抽样和 PoMix 抽样方法很难实现样本的兼容，只有随机变量的抽样技术和与其相对应的序贯抽样技术之间才可能实现样本兼容，如 PoMix 抽样和序贯 PoMix 抽样，MPPS 抽样和序贯 MPPS 抽样，都可以按照上述 Poisson 抽样和序贯 Poisson 抽样的方法实现样本的兼容。由于配置抽样在进行调查时已经对调查单元的永久随机数进行了修匀，因此在同步调查中，常规的配置抽样和序贯配置抽样有很好的样本兼容的性质。

4.3 同步调查在我国多层次调查中的应用

永久随机数法抽样技术能很好地解决同步调查的样本兼容问题。将永久随机数法抽样技术应用在多层次调查中，可以方便地实现样本追加，并使抽到的样本对本级总体有很好的代表性。由于永久随机数法抽样技术实施起来非常方便，而且又能方便地实现与规模成比例不等概率抽样、多目标调查，并能有效地实现样本轮换，同时可以找到与其相适应的目标估计量的方法和估计精度的计算方法，因而永久随机数法抽样技术不失为一种解决多层次调查问题的有效方法。

在多层次调查中采用永久随机数法抽样技术实现多层次调查的样本兼容，首先要强调调查单元与永久随机数的唯一确定性。虽然在抽样过程中可能需要调整永久随机数（如永久随机数的修匀、为了实现序贯抽样而实现抽样起点归零等），但是在调整的过程中抽样框中的每个调查单元的永久随机数都参与相同的调整过程，此时新的随机数与原始随机数一一对应，也就是说新的随机数与调查单元也是唯一确定的。一定要避免在总的抽样框中调查单元有一个随机数，而在子总体（或者层）中调查单元又出现一个永久随机数，这样就会破坏调查单元与永久随机数的唯一确定性，不能有效地实现多层次调查中的样本的兼容。

4.3.1 应用序贯简单随机抽样实现多层次调查

序贯 srswor 是指抽取抽样框中永久随机数最小的 n 个单元构成样本。在我国的多层次调查中，如果上下两级调查都采用序贯 srswor 的方法抽取样本，只要上一级调查分配在下一级调查中的样本量小于下一级调查为了满足本级管理需要而确定的样本量，那么上一级样本单元将完全落入到下一级样本中。我们以省级样本为上一级样本，以市级样本为下一级样本进行说明。

在多层次调查中，省级采用 srswor 抽样方法抽取样本，即抽取全省的调查单元中永久随机数最小的 n 个单元构成样本。全省的调查单元可以根据行政区划分成市，省是市的和，那么省级样本单元分布到市级，仍然是最小的单元。为了满足本级管理的需要，市级也抽取永久随机数最小的单元作为本市的样本。通常情况下，市级样本单元的数量应该多于省级样本落入本市的单元的数量。而同一调查单元只有唯一的永久随机数，此时市级样本必然包括省级样本单元。也就是说，仅有一种可能市级的样本不完全包含省级样本单元，即省级样本单元分配到某市的单元的数量大于该市为满足本市调查的需要而确定的样本量，这种情况显然很少发生。

现在以一个简单的例子说明在采用序贯 srswor 时多层次调查样本兼容的实现。假定某省共有三个市 A、B、C，A 共有 14 个调查单元，B 共有 20 个调查单元，C 共有 16 个调查单元。给所有的调查单元赋予永久随机数，并将永久随机数按大小排队，如表 4 - 1 所示。省级抽取永久随机数最小的 10 个单元构成省级样本，即抽取表 4 - 1 中"所有单元"第一行的单元构成样本。该样本落入市级分别是 A 市的前 2 个单元；B 市的前 5 个单元；C 市的前 3 个单元，如阴影所示。如果各市抽取 30% 的单元构成样本，则 A 市应抽取前 5 个单元；B 市应抽取前 6 个单元；C 市应抽取前 5 个单元，如斜体所示。由表 4 - 1 不难看出省级样本单元全部落入市级样本。市级在进行为本级管理需要的抽样调查时，只要在省级样本的基础上相应增加调查单元即可。于是达到了很大程度上的样本兼容，从而能够提高样本的使用效率，节约调查成本，提高工作效率。

表 4 - 1　　应用序贯 srswor 实现多层次调查的样本兼容

项目	1	2	3	4	5	6	7	8	9	10
A 市	*0.071*	*0.156*	*0.265*	*0.346*	*0.400*	0.463	0.501	0.514	0.558	0.642
	0.644	0.787	0.847	0.873						
B 市	*0.044*	*0.121*	*0.134*	*0.139*	*0.157*	*0.225*	0.306	0.443	0.574	0.580
	0.615	0.684	0.717	0.724	0.755	0.790	0.822	0.845	0.905	0.973
C 市	*0.057*	*0.181*	*0.199*	*0.214*	*0.252*	0.288	0.349	0.354	0.428	0.479
	0.669	0.670	0.747	0.769	0.913	0.929				

项目	1	2	3	4	5	6	7	8	9	10
所有单元	0.044	0.057	0.071	0.121	0.134	0.139	0.156	0.157	0.181	0.199
	0.214	0.225	0.252	0.265	0.288	0.306	0.346	0.349	0.354	0.400
	0.428	0.443	0.463	0.479	0.501	0.514	0.558	0.574	0.580	0.615
	0.642	0.644	0.669	0.670	0.684	0.717	0.724	0.747	0.755	0.769
	0.787	0.790	0.822	0.845	0.847	0.873	0.905	0.913	0.929	0.973

资料来源：笔者根据历年统计局数据测算所得。

需要说明的是，永久随机数在 $[0, 1]$ 均匀分布，同时具有随机性的特征。因此在给抽样框的调查单元赋予永久随机数时，不能绝对避免永久随机数扎堆的情形，也就是说可能会出现在某一市调查单元的永久随机数恰好都非常小的情形。于是省级样本落入该市的单元可能会多于该市为了满足本级调查所需的样本量，于是会出现省级样本单元落在市级样本之外的情形。即使是这种情形发生，省级样本和市级样本也是完全兼容的，只是市级样本完全包含在省级样本中。那么在抽样调查时，市级只需要根据本级调查的要求抽取样本进行估计，而需要在本级样本的基础上继续抽取样本上报省级，以满足省级调查的需要。例如，在我们给出的例子中，如果市级采用与省级相同的抽样比率，则抽样框中的第五个单元作为省级样本却落在市级样本之外，即上述省级样本分配到市级的单元数量多于市级为了满足本级管理需要所抽的样本量。这种情况完全是永久随机数的随机性引起的。由此可以得到启示，为了实现样本的兼容，只要能让市级抽样比远远大于省级抽样比，那么省级样本的单元将会完全包含在市级样本中。这一点在工作中很容易实现，否则会导致省级的工作量庞大，省级的调查工作失去了意义。

我们知道，在序贯 srswor 中，抽样的起点可以在抽样框中的任何位置。同理在多层次调查中，只要各级调查都采用相同的抽样起点和相同的抽样方向，就能够实现样本的兼容。假定将序贯 srswor 抽样的起点平移至 a。我们不妨假定将所有调查单元的永久随机数进行调整，令 $r_i' = r_i - a$，如果 $r_i' < 0$，则令 $r_i'' = r_i' + 1$。在调整了永久随机数的抽样框中，各层次调查都按照序贯 srswor 抽样的方法抽取样本，则样本兼容的原理与使用原始的永久随机数的样本兼容一致。假定 $a = 0.1$，则各层次调

查都抽去永久随机数从右侧最接近 0.1 的单元构成样本，则各层次调查能够有效地实现样本兼容。正是在序贯 srswor 中各层次调查平移抽样起点，仍然能够实现各层次样本兼容的性质，保证了在多层次调查中，即使进行样本轮换，也能很好地实现各层次调查的样本兼容。

4.3.2　应用 Poisson 抽样实现多层次调查

由于 Bernoulli 抽样是 Poisson 抽样的等概率特例，因此在讨论了 Poisson 抽样在多层次调查中的实现后，再讨论 Bernoulli 抽样在多层次调查中样本兼容的实现。我们仍然从抽样起点 a = 0 开始讨论。

Poisson 抽样是抽取永久随机数 r_i 小于入样概率 π_i 的单元，定义单元的入样概率 $\pi_i = np_i$，即如果 $r_i < \pi_i$ 则抽中第 i 单元，如是抽取省级样本。全省根据行政区划分为市，要想使各市内抽样的结果与省级抽样结果一致，在永久随机数保持不变的情况下，只能是单元在各层内的入样概率与在省级相同。

$$\pi_{hi} = n_h p_{hi} = n_h \frac{a_i}{A_h} = \frac{n_h}{n} \cdot \left(n \frac{a_i}{A} \right) \cdot \frac{A}{A_h} = \alpha_h \cdot \pi_i \cdot \beta_h \quad (4-13)$$

其中，π_{hi} 表示为满足省级调查需要第 i 单元在第 h 市的入样概率，n_h 表示省级样本分配到该市的样本量，p_{hi} 表示第 i 单元在该市相对规模的测度，a_i 表示第 i 单元的规模，A_h 表示该市总的规模量，A 表示全省调查单元总的规模量，n 表示省级期望的样本量，π_i 表示第 i 单元在省级调查中的入样概率，α_h 表示分配到该市的省级样本量占省级样本总量的比重，β_h 表示省级所有调查单元总规模相当于第 h 市规模的倍数。

我们已经强调过，调查单元与永久随机数有唯一确定性，也就是说不管在省级总体中还是在市级的层中，调查单元只有唯一的永久随机数。只要调查单元在省级和在市级的入样概率一致，那么采用 Poisson 抽样方法，不管在省级抽样框中抽样还是在市级抽样框中抽样，都将有相同的抽样结果。由式（4-13）可知，要使调查单元在省级和在市级的入样概率一致，即 $\pi_{hi} = \pi_i$，必须使 $\alpha_h \cdot \beta_h = 1$，亦即 $\frac{n_h}{n} \cdot \frac{A}{A_h} = 1$。此时 $n_h = n \frac{A_h}{A}$，即省级样本量按照层的规模比例在各市之间进行分配。为了满足分级管理的需要，各市在满足省级调查的基础上追加样本，以满足本级管理的需要，于是市级在扩大后的样本量下计算新的入样概率：

$$\pi'_{hi} = n'_h p_{hi} = n'_h \frac{a_i}{A_h} = \frac{n'_h}{n} n \frac{a_i}{A} \cdot \frac{A}{A_h} = \frac{n'_h}{n_h} \cdot \frac{n_h}{n} \cdot \left(n \cdot \frac{a_i}{A} \right) \cdot \frac{A}{A_h}$$

$$= \gamma_h \cdot \alpha_h \cdot \beta_h \cdot \pi_i \tag{4-14}$$

其中，π'_{hi} 表示为满足本市管理需要第 i 单元的入样概率，n'_h 表示该市期望抽到的样本量，γ_h 表示该市为满足本级管理需要所抽的样本量与省级样本分配到该市的样本量之比。

从式（4-14）不难看出，如果 $\gamma_h = 1$，则 $\pi_{hi} = \pi_i$，即第 i 单元在本市抽样框中和在省级抽样框中的入样概率一致，此时实现样本量是根据各市规模的比重分配的分层抽样的样本量。为了满足分级管理的需要，各市应适当扩大样本量，于是 $\gamma_h > 1$，那么 $\pi_{hi} > \pi_i$。省级抽取 $r_i < \pi_i$ 的单元，市级抽取样本时必有 $r_i < \pi_i < \pi_{hi}$，即省级样本单元必包含在市级样本中。

续上例，假定省级仍抽取 10 个单元构成省级样本，A 市为了满足本级管理需要抽取 5 个单元构成本市样本，B 市抽取 10 个单元，C 市抽取 6 个单元。分别计算单元在假定的省级的入样概率和在各市中的入样概率（见表 4-2）。在省级和市级分别按照 Poisson 抽样的原则抽取样本。与上例相同，永久随机数带有阴影的单元为省级样本单元，永久随机数是斜体的单元为市级单元。由表 4-2 不难看出，省级样本单元全部落入市级样本。

表 4-2　　　　　　Poisson 抽样实现多层次调查的样本兼容

项目		1	2	3	4	5	6	7	8	9	10
A n = 5	r	*0.071*	*0.156*	0.265	0.346	0.400	0.463	0.501	*0.514*	*0.558*	0.642
	π_{ai}	0.593	0.460	0.117	0.265	0.126	0.296	0.009	0.529	0.659	0.359
	r	0.644	0.787	0.847	0.873						
	π_{ai}	0.338	0.224	0.378	0.647						
B n = 10	r	*0.044*	*0.121*	0.134	*0.139*	*0.157*	*0.225*	*0.306*	*0.443*	0.574	0.580
	π_{bi}	0.448	0.368	0.096	0.404	0.448	0.487	0.761	0.444	0.363	0.552
	r	0.615	0.684	0.717	0.724	0.755	*0.790*	0.822	0.845	0.905	0.973
	π_{bi}	0.216	0.557	0.329	0.254	0.713	0.926	0.735	0.791	0.722	0.385

续表

项目		1	2	3	4	5	6	7	8	9	10
C n = 6	r	*0.057*	*0.181*	*0.199*	0.214	**0.252**	*0.288*	0.349	0.354	0.428	*0.479*
	π_{ci}	0.214	0.284	0.672	0.034	0.440	0.324	0.288	0.326	0.313	0.621
	r	0.669	0.670	0.747	0.769	0.913	0.929				
	π_{ci}	0.290	0.602	0.391	0.140	0.171	0.890				
所有 单元 n = 10	r	0.044	0.057	0.071	0.121	0.134	0.139	0.156	0.157	0.181	0.199
	π_i	0.235	0.092	0.260	0.193	0.050	0.211	0.202	0.235	0.122	0.288
	r	0.214	0.225	0.252	0.265	0.288	0.306	0.346	0.349	0.354	0.400
	π_i	0.015	0.255	0.189	0.051	0.139	0.398	0.116	0.124	0.140	0.055
	r	0.428	0.443	0.463	0.479	0.501	0.514	0.558	0.574	0.580	0.615
	π_i	0.134	0.233	0.130	0.266	0.004	0.232	0.289	0.190	0.289	0.113
	r	0.642	0.644	0.669	0.670	0.684	0.717	0.724	0.747	0.755	0.769
	π_i	0.158	0.148	0.124	0.258	0.291	0.172	0.133	0.168	0.373	0.060
	r	0.787	0.790	0.822	0.845	0.847	0.873	0.905	0.913	0.929	0.973
	π_i	0.098	0.485	0.384	0.414	0.166	0.284	0.378	0.073	0.382	0.201

资料来源：笔者根据历年统计局数据测算所得。

　　通过以上推导可以得到结论，在多层次调查中采用抽样起点 a = 0 的 Poisson 抽样，只要下一级为满足本级管理的需要所抽的样本量大于上一级样本分配在本级的样本量，上一级样本单元会全部落入下一级样本中。需要注意的是，由于 Poisson 抽样的样本随机性的原因，最终实现的样本量与期望样本量有一定的差异，这一点在多层次调查中仍然有可能出现，这可以通过永久随机数的修匀来减少随机样本量的变动情况。另外，由于永久随机数的随机性，可能会出现最终实现的上一级样本分配到下一级的样本量比下一级调查的期望样本量还要大的情况。但是只要在各级调查中都采用 Poisson 抽样，而且下一级的调查的期望样本量大于上一级调查根据规模的比重分配到本级的样本量，那么上一级的调查单元就会完全包含在下一级调查的样本中。

　　对于抽样起点 a ≠ 0 的情形，Poisson 抽样抽取永久随机数满足 a ≤ r_i < a + π_i 的单元构成样本（如果 a + π_i > 1，则进行循环调整）。前已证明，只要调查单元在上一级的调查中的入样概率小于其在下一级调查中的入样概率，以上述省级和市级为例，只要 π_i < π_{hi}，则如果永久随机

数 $a \leq r_i < \pi_i$，必有 $a \leq r_i < \pi_{hi}$，于是省级的调查单元必然同时是市级的调查单元，即上一级调查的样本单元完全落在下一级的调查样本中。在调查中，只要再下一级调查中使用 Poisson 抽样，就可以抽到满足本级和上一级调查的样本。

4.3.3　应用 Bernoulli 抽样实现多层次调查

我们知道，Bernoulli 抽样是 Poisson 抽样的等概率特例，即在 Bernoulli 抽样中，所有的调查单元的入样概率都为抽样比 f，Bernoulli 抽样就是抽取永久随机数满足 $r_i < f$ 的单元构成样本。如果下一级调查的抽样比大于上一级调查的抽样比，即 $f_h > f$，则如果 $r_i < f$，则必有 $r_i < f_h$。也就是说，只要下一级调查的抽样比大于上一级调查的抽样比，必有上一级调查的样本单元完全落在下一级调查的样本中。与 Poisson 抽样相同的是，Bernoulli 抽样最终实现的样本量也是随机变量，最终实现的抽样比很可能与预期的抽样比有差异，这可以通过随机数的修订来降低随机变量的变动情况。由于随机数的随机性，有可能出现上一级调查实现的样本量分配在下一级调查中的样本量，大于下一级按照本级抽样比确定的样本量的情形。但是在多层调查中，各层次调查都采用 Bernoulli 抽样，只要满足 $f_h > f$，则上一级调查的样本单元必然落入下一级调查的样本中。

与 Poisson 抽样一样，Bernoulli 抽样可以在 $[0, 1]$ 选择随机的抽样起点 $a \neq 0$，Bernoulli 抽样是抽取永久随机数满足 $a < r_i < a + f$ 的单元。如果下一级调查的抽样比大于上一级调查的抽样比，$f_h > f$，上一级调查的样本单元必然会落在下一级调查的样本中。

4.3.4　应用序贯 Poisson 抽样实现多层次调查

序贯 Poisson 抽样是在将抽样框按照排序变量 $\xi_i = \dfrac{r_i}{p_i}$ 排队之后，抽取最初的 n 个单元构成样本。序贯 Poisson 抽样产生的目的就是将 Poisson 抽样的随机样本量确定下来，在抽样过程中引入了相对规模的测度 p_i，能够体现与规模成比例的不等概率抽样的思想。但是如前所述，序贯 Poisson 抽样在同步调查中实现样本兼容时需要条件的限制，不如常规的 Poisson 抽样有更大的灵活性。

在多层次调查中，将抽样框的调查单元按照排序变量排序后，抽取最初的单元构成样本。我们仍然以省级和市级的调查为例进行说明。在省级抽样框中，单元的入样概率 $\pi_i = np_i$，其中，$p_i = \dfrac{A_i}{\sum_P A_i}$（下标 P 表示省级抽样框）。在市级调查中，单元的入样概率 $\pi_{hi} = n'_h p_{hi}$，其中 $p_{hi} = \dfrac{A_i}{\sum_{P_h} A_i}$（$P_h$ 表示该市单元的总体，称作层或子总体）。显然，

$$\frac{p_{hi}}{p_i} = \frac{A_i}{\sum_{P_i} A_i} \cdot \frac{\sum_P A_i}{A_i} = \frac{\sum_P A_i}{\sum_{P_h} A_i} = \beta_h \qquad (4-15)$$

即单元在第 h 市的入样概率是在省级调查的入样概率的 β_h 倍。省级调查的序贯 Poisson 抽样的排序变量 $\xi_i = \dfrac{r_i}{p_i}$，在第 h 市的排序变量

$$\xi'_i = \frac{r_i}{p_{hi}} = \frac{r_i}{p_i \beta_h} = \frac{\xi_i}{\beta_h} \qquad (4-16)$$

由于对于同一次调查，β_h 是一个常数，虽然 $\xi_i \neq \xi'_i$，但是二者存在确定的比例关系，所以将抽样框按照 ξ_i 和 ξ'_i 排序的结果是一致的。于是我们说，对于同一个市的调查单元在省级的顺序和在市级的顺序是一致的。

我们在确定了同一个市（层或子总体）的调查单元在省级抽样框中的顺序与实际抽样框中的顺序是一致的之后，在排序后的抽样框中按照序贯 srswor 的方法抽取样本，就可以实现多层次调查的样本兼容。虽然在序贯 srswor 中，在各层次都平移抽样起点时，仍能实现样本兼容，但是在序贯 Poisson 抽样中通常只能抽取排序变量最小的单元构成样本，以实现与规模成比例的不等概率抽样。因此，在多层次调查中，序贯 Poisson 抽样的样本兼容问题也有一定的局限性。从这一点来看，在多层次调查中，序贯 Poisson 抽样不及 Poisson 抽样更加灵活。

续上例，计算 A 市的调查单元的排序变量 ξ' 并排序，计算单元的省级排序变量 ξ 并排序，结果见表 4-3，其中 A 市单元的永久随机数用黑体表示。从表 4-3 中不难看出，A 市的调查单元的顺序在 A 市和在省级抽样框中是一致的。如果省级调查仍抽取 10 个调查单元，A 市

抽取 5 个单元，从抽样结果不难看出，省级样本分配在 A 市的单元包含在 A 市的样本中，于是很好地实现了样本兼容。

4.3.5 永久随机数法抽样技术实现多层次调查的方法述评

永久随机数法抽样技术有很多优良的性质，能很好地实现多层次调查的样本兼容就是其中之一。永久随机数法抽样技术强调随机数与调查单元的唯一确定性，即在省、市、县，调查单元只有唯一的永久随机数。即使是因为抽样调查的需要而调整永久随机数，新的随机数与原始随机数必须是一一对应的，也就是说新的随机数与调查单元也是一一对应的，一定不能在各级调查中同一调查单元出现不同随机数，这样就会影响了调查的统一性，很难控制多层次调查的样本兼容。

永久随机数法抽样技术实现多层次调查的特点主要表现在以下几个方面。

1. 永久随机数法抽样技术的多种抽样方法都可以实现多层次调查的样本兼容

永久随机数法抽样技术并不是只有以上几种抽样方法能实现多层次调查的样本兼容，其他抽样方法如 PoMix 抽样、MPPS 抽样、Pareto 抽样、配置抽样等都可以实现多层次调查的样本兼容。我们将永久随机数法抽样技术按样本量是否确定分为两类，即随机样本量的抽样方法和固定样本量的抽样方法，随机样本量的抽样方法在多层次调查中样本兼容的实现可以参照 Poisson 抽样的方法实现，而固定样本量的抽样方法可以参照序贯 Poisson 抽样的方法实现。

2. 科学性强，有完善的理论背景

应用永久随机数法抽样技术实现多层次调查是以永久随机数法抽样技术的同步调查理论为背景的。笔者在国外相关理论的支持下，对永久随机数法抽样技术的同步调查理论进行了相对完备的研究，为多层次调查提供了相对完善的理论支持。

3. 采用自上而下的设计思路

在调查过程中，只有分配到上一级调查的样本单元的下一级单位才必须进行调查，而没有分到上一级调查单元的单位可以根据自己的需要确定是否进行调查。这样一来，免去了上级调查的工作受所有下级单位的工作的效率影响的弊病，同时减轻了下级单位的工作负担，能有效地提高工作效率（见表 4 - 3）。

表 4 - 3　　　　　序贯 Poisson 抽样在多层次调查中的实现

项目		1	2	3	4	5	6	7	8	9	10
A n = 5	r	**0.071**	**0.156**	**0.558**	**0.514**	**0.346**	**0.873**	**0.463**	**0.642**	**0.644**	**0.847**
	ξ'	0.596	1.698	4.233	4.851	6.543	6.748	7.820	8.932	9.545	11.193
	r	**0.265**	**0.400**	**0.787**	**0.501**						
	ξ'	11.321	15.895	17.535	266.416						
所有单元 n = 10	r	0.044	**0.071**	0.057	0.121	0.139	**0.157**	0.199	0.306	0.156	0.225
	ξ	1.871	2.716	6.251	6.258	6.549	6.680	6.906	7.696	7.743	8.835
	r	0.252	0.181	0.790	0.479	0.443	**0.558**	0.580	0.755	0.845	0.288
	ξ	13.325	14.865	16.306	17.986	19.031	19.299	20.074	20.237	20.411	20.755
	r	0.822	**0.514**	0.684	0.905	0.929	0.354	0.670	0.134	0.349	**0.346**
	ξ	21.376	22.118	23.479	23.940	24.326	25.350	25.957	26.679	28.230	29.833
	r	0.574	**0.873**	0.428	**0.463**	**0.642**	0.717	**0.644**	0.747	0.973	**0.847**
	ξ	30.273	30.768	31.902	35.652	40.727	41.624	43.52	44.53	48.29	51.033
	r	**0.265**	0.669	0.724	0.615	**0.400**	**0.787**	0.913	0.769	0.214	**0.501**
	ξ	51.616	53.840	54.385	54.531	72.474	79.951	124.8	128.2	147.3	1214.69

资料来源：笔者根据历年统计局数据测算所得。

4. 操作简便，上下级调查统一

应用永久随机数法抽样技术实现多层次调查时，各级调查采用相同的抽样方法，如都采用 Poisson 抽样或者 Bernoulli 抽样等，就可以实现样本的兼容。样本追加自然而然地就完成了，操作非常简单。各级政府为了满足对信息的需求，确定不同的样本量。只要下级的样本量多于上级分配在本级的样本量，上级样本分配在下级的单元就会全部落入下级样本。于是实现了样本兼容，可以很大限度提高样本的利用效率，节约调查成本，合理分摊调查费用，满足分级管理的需要。

第5章 永久随机数法样本轮换问题研究

5.1 样本轮换的意义

随着统计改革的发展，抽样调查成为获取社会政治经济资料的主要方法。对于经常性的抽样调查（如我国的城市住户调查、农村抽样调查、全国的电视收视率调查、规模以下工业抽样调查等），样本的合理更新成为保证调查效率、提高估计精度的重要问题。我们可以利用前期的资料规划当前的抽样方案，以期达到提高精度、节省费用的目的。确定新的样本可能的方式有三种：一是固定样本，即每次调查的样本完全相同，也就是通常所说的固定点调查；二是部分更新，即每次保留上期样本的一部分单元，同时重新抽取部分新单元，共同构成样本，也就是通常所说的样本轮换；三是全新样本，即每次调查的样本完全不同。

经常性调查中一般需要估计以下三种数量：一是目标量从一个时期到下一个时期之间的变化；二是目标量在所有各个时期的总和或平均值；三是目标量在最近一个时期的总和或平均值。在实际工作中我们更为关心的是目标量在最近一个时期的总和或平均值。对于固定样本，随着时间的推移，社会经济状况不断发展，调查总体中会不断有旧的个体消亡和新的个体产生，固定的样本对总体的代表性会不断降低。而且，对同一部分单元长期反复调查也会使被调查者受到调查时所得到的信息的影响，改变行为方式，使提供的数据缺乏真实性和代表性。这些因素所导致的经常性调查中样本随着时间的推移而出现的对总体的代表性下降的现象，即样本老化。所以，固定样本调查不适合经常性调查。对于全新样本，由于每次调查都是新样本，因而前后期调查的可比性和衔接性很差，而且每次调查重抽的被调查者对于调查很陌生，因而调查的时间和费用消耗比较大。样本轮换是介于固定样本和全新样本之间的折中办法。它的具体做法是：在经常性调查中，将上期样本的一部分单元抛除，同时用过去未被抽中的一部分单元代替它们，与上期样本中保留下来的单元拼配成现期样本进行调查估计。周而复始地重复以上做法，就形成了轮换。这种方法同时兼顾了经济不断发展而导致调查目标总体的变化情况和调查的连接性和可比性，成为目前国内外经常性调查中主要采取的确定报告样本的方法。

样本轮换理论由美国统计学家耶森（Jessen，1942）提出。耶森（1942）的重要贡献一方面在于提出了关于样本轮换理论，认为实行样本轮换比使用全新样本能提高估计精度，有重要的奠基意义；另一方面耶森（1942）构造的在样本轮换中采用回归估计量在当前的理论研究中还得到广泛地采用。在此之后，库尔达夫（Kulldarff，1963）、埃克勒（Eckler，1955）、格雷厄姆和拉奥（Graham and Rao，1964）、科克伦（Cochran，1977）、迪昆瓦尔（Tikkinwal，1979）等进行了研究，其中绝大多数研究成果被浓缩在科克伦《抽样技术》一书中。科克伦汲取前人研究成果，在没有考虑样本轮换率的一些影响因素（如人的心理行为等不可量化因素），并假定前后期总体方差和相关系数为常数且省略总体校正系数的情况下，分别对考虑和不考虑抽样费用的简单随机抽样的样本轮换率进行了研究。之后的抽样调查专家如克雷格·麦克拉伦、大卫·斯蒂尔、尤松·帕克、菲利普·贝尔、沃特、布鲁尔等、森特、萨韦德拉等人对样本轮换理论进一步发展，并应用到实际中进行测算和验证。

当前国际上关于样本轮换理论的讨论按照轮换方法可以分成两个分支：一个是子样本轮换理论，另一个是永久随机数样本轮换理论。子样本轮换理论是传统的样本轮换理论，除特别指明以外人们提到的样本轮换理论主要是指子样本轮换理论，当前对此颇有建树的抽样调查专家主要有克雷格·麦克拉伦、大卫·斯蒂尔钢、尤松·帕克、菲利普·贝尔、沃特等；永久随机数样本轮换方法是由布鲁尔等（1972）提出来的，主要用于配合永久随机数抽样技术，森特、萨韦德拉等人对此有较为深刻的研究。

由于抽样调查应用的广泛性，样本轮换理论的研究也渗透到社会的各个方面，包括经济、农业、法律、实验、医学等。我国现行调查体系中主要采用子样本轮换，样本轮换问题研究在我国有重要的实践意义。随着经济体制改革的不断深入发展，抽样调查在我国社会调查中占据着越来越重要的地位，已成为我国获取社会政治经济资料的主要手段。对于不断发展变化的社会政治经济现象，通常需要定期跟踪调查。为了适应事物的不断发展变化，必须对调查样本进行轮换。而样本轮换对于减少和控制非抽样误差样本轮换以及取得抽样费用和抽样精度的统一有重要的意义。我国经常性调查实践中样本轮换制度已实施了十几年之久，统计理论研究和实际工作者们的研究主要集中在样本老化的影响因素、样本轮换率、轮换模式、样本轮换效果度量等问题上。

近年来，我国的调查领域开始引入永久随机数法抽样及技术，该技术能非常出色地实现样本兼容。本章我们将在回顾传统的子样本轮换的基础上讨论在永久随机数法抽样技术中的各种抽样方法的样本轮换的实现，希望能够为永久随机数法样本轮换方法的应用和推广做出一点贡献。

5.2 传统的子样本轮换方法

传统的样本轮换方法主要是指子样本轮换。子样本轮换一般有三种轮换模式，单水平轮换、不完全单水平轮换、多水平轮换。单水平轮换和不完全单水平轮换的共同特点在于调查单元只提供调查当期的资料，而多水平轮换是指样本中的所有单元既要提供当期的资料，也要提供以前的资料，其中用得最多的是两水平轮换。两水平轮换由于每月新抽样本，又能根据每月提供的所有样本单元的前期资料是连续两个月包含相同的样本，因此，该模式可以得到年总值（均值）、月度和年度变化的有效估计量。但它要求新抽的样本单元也提供上月的资料，这在新抽的样本单元没有以前记录的情况之下是很困难的，除非要求所有潜在的样本单元一直进行记录。因此实际上多水平轮换的应用并不是很广泛，当前应用较多的是单水平轮换和不完全单水平轮换。本章提到的子样本轮换主要是指单水平轮换和不完全单水平轮换。不完全单水平轮换受到抽样调查专家的普遍关注，如韩国大学（Korea University）的尤松·帕克、基恩·金（KeeWhan Kim），世界健康统计中心（National Center for

Health Statistics）的贾伊·元莱（Jai Won Choi）、澳大利亚 NSW 伍伦贡大学（University of Wollongong，NSW Australia）的克雷格·麦克拉伦、数学和应用统计学院的（School of Mathematics and Applied Statistics，University of Wollongong，NSW 2522，Australia）的大卫·斯蒂尔等人都对此进行过系统的研究。

　　影响样本轮换效果主要的、直接的因素是样本重叠率，而样本重叠率取决于样本轮换模式。样本轮换模式是指入选单元保留在样本中的时间模式，轮换模式因为样本单元保留在样本中的时间长度和时间间隔不同而不同。子样本轮换模式可以用 a – b – a（m）模式表现出来，即样本单元在样本中保留 a 个月连续调查，离开样本 b 个月，然后再回到样本 a 个月，如此重复 m 次。如果 b = 0 则轮换模式变成 "in – for – m" 模式，即样本单元只在样本中保留 m 个月，然后离开样本，不再返回，这就是单水平轮换模式；如果 b≠0，轮换保持 a – b – a（m），则是不完全单水平轮换。a – b – a（m）模式可以涵盖绝大部分月度调查的轮换模式。

5.2.1　单水平轮换模式

1. 简介

　　单水平轮换模式一般都用 "in – for – m" 模式来表示，即入选单元在样本中保留 m 个月，然后离开样本。菲利普·贝尔（Philip Bell，1998）将其称作 "a in" 模式，即入选单元在样本中保留 a 个月，然后离开样本。这一模式会使 s 月后样本之间的重叠比率是 $1 - \left(\dfrac{s}{m}\right)$（s = 1，2，…，m – 1）。当 s = m 或 s > m 时，除非 m > 12，否则一年之后相同的月份之间没有共同样本（其中 m 表示入选单元在样本中保留的时间，s 表示月份的间隔时间）。

2. 当前应用情况

　　连续调查的重要目的是要了解研究变量随时间变化的情况。对于调查设计来说这意味着调查结果不仅对研究变量当期的状况有一个好的估计，同时对随时间的变化量也要有一个好的估计量。在各国月度劳动力资源调查（Monthly Labour Force Surveys，MLFSs）中，这两个目标要求设计在连续月份中的样本要有较高比例的相同样本。

澳大利亚的 MLFS 调查即采用"in-for-8"模式或者称作"8 in"模式。澳大利亚的 MLFS 调查是 15 岁以上的居民人口调查。住户最先按照地理区域来划分，然后在每个中选区域内抽取住户群。向在中选的住户群内所有的住户搜集数据。调查的最初阶段是抽选地理区域。这些区域被分成 8 个轮换组，用于控制住户轮换进或轮换出调查。MLFS 现行的轮换模式是从轮换组里连续 8 个月抽取相同的住户，接下来从相同的地理区域抽选新的样本，新样本再连续调查 8 个月。每个轮换组要在不同的月份轮换新的住户。这种轮换模式保证了在相邻的月份里 7/8 的地理区域的样本重叠，这就使同一样本轮换组的连续估计量之间有较强的相关性。类似的，像加拿大劳动力调查中入样单元连续查 6 个月，即采用"in-for-6"模式或者称作"6 in"模式。

当前我国农村住户调查也采用单水平轮换模式，只是略有不同。我国农村住户调查是在轮换调查了若干年之后，在总体中重抽样本，然后再在新的样本中重新开始轮换。这种方式可以保持样本的新鲜性，跟上样本框的调整速度，保证样本对总体的代表性。但缺点是不断重抽样本会增大调查费用，而且会使资料的衔接性变差。

3. 评价

单水平轮换会使相邻两月的样本有较高的重叠率，从而保证相邻月份之间的样本具有较高的相关性。连续调查就是想要得到一个或多个项目随时间变化的情况。对于调查设计来说这一目标可以简化成两个方面：调查项目每一时期都要有好的估计量和对随时间的变化量要有好的估计量。在 LFS 中，这两个目标要求设计在连续月份中的样本要有较高比例的相同样本。但根据克雷格·麦克拉伦、大卫·斯蒂尔等人的理论，在时间间隔 $s=m$ 或 $s>m$ 时，除非 $m>12$，否则一年之后相同的月份之间没有共同样本。作为月度调查 $m>12$ 基本上不可能发生。单水平轮换的弱点在于经过一段时间的轮换之后（比如说不同年份的相同月份之间）不再有相同的样本。塔利斯（Tallis）、萨克利夫（Sutcliffe）和李（Lee）等人对高重叠率也持否定态度。塔利斯（1995）提出在 MLFS 连续调查之间的高样本重叠率会缩减探测经济拐点的能力。萨克利夫和李（1995）提出相邻月份之间没有相同样本单元的样本轮换模式会对时间序列的潜在规律提供更好地估计量。显然这种单水平轮换模式不能得到最优的时间序列趋势尤其是有季节变动的时间序列趋势的估计量。抽样调查专家对此的处理方式通常是先对时间序列进行平滑，然后通过复合估计量进行调整。

5.2.2　不完全单水平轮换

1. 简介

不完全单水平轮换是指在样本中的一些单元在一定时期内保留在样本中，然后再退出样本一段时期后又重新返回样本一段时期，样本中的单元都只提供当期的资料。如美国现期人口调查（Current Population Survey，CPS）采用的 4—8—4 轮换模式就是每个月的样本都是由 8 个轮换组组成，每个样本轮换组在样本中保留 4 个月，在以后连续的 8 个月中离开样本，然后又重新归入样本 4 个月。当前关于样本轮换模式讨论最多的就是不完全单水平轮换。该种轮换方法的表达方式很多，按照克雷格·麦克拉伦、大卫·斯蒂尔等人（1997）的 a—b—a（m）模式，美国现期人口调查 CPS（Currently Population Surveys）的 4—8—4 模式可以记成 4—8—4(8) 模式；菲利普·A. 贝尔（Philip A. Bell，1998）将不完全单水平轮换模式记作"a in b out"模式，即入选单元在样本中保留 a 月，然后离开样本 b 月，而后返回样本，4—8—4 模式可以记作"4 in 8 out"模式；尤松·帕克、基恩·金、贾伊·元莱等人（1998）将不完全单水平轮换模式的一般形式记作 $r_1^m - r_2^{m-1}$，即每个轮换组的一些调查单元被连续调查 r_1 个月，下面 r_2 个月离开样本，接下来的 r_1 个月返回样本中，这一过程重复 m 次。例如 4—8—4 模式可以写成 $4^2 - 8^1$ 模式。为讨论方便我们采用最后一种记法。

2. 当前应用情况

不完全单水平轮换模式最大的优势在于数据的时间衔接性好，可以用于对时间趋势的预测，尤其是在对有周期性波动的时间序列进行预测时，这种优势尤为明显。因此不完全单水平轮换的 a—b—a（m）模式，a、b 之和与波动周期相同。也就是说时间序列的波动周期是年度的话，可采用4—8—4、2—10—2、6—6—6 模式等；如果时间序列的波动周期是季度的话，可采用1—2—1 模式。

美国的现期人口调查 CPS 当前使用的样本轮换模式4—8—4（8）模式。入选样本单元连续调查 4 个月，离开样本 8 个月，然后再回到样本 4 个月。这就使 s 月以后相同样本的比率是 $1-\frac{s}{4}$ 当 s =1，2，3 时，样本中相同单元的比率是 $\frac{4}{8}$，当 s =9，10，…，15 时，相同样本的比率是 $\frac{4}{8}-\frac{s-12}{8}$，当 s =4，5，…，8 时，没有相同样本。日本住户调查、采用2—10—2（4）模式：入选住户连续调查 2 个月，离开样本 10 个月，在回到样本 2 个月。这种模式使相邻的两月有 $\frac{1}{2}$ 的样本单元相同，当s =12 时相同样本的比率仍然是 $\frac{1}{2}$。这是当前使用的轮换模式。英国现阶段进行的季度 LFS 调查看作月度调查的话就可以大约看成是1—2—1（5）模式：入选住户调查 1 个月后离开样本，之后又重新回到样本。这一过程重复至住户被包含在样本中达 m 次为止。这种模式是 1 个月或 2 个月之内没有相同的样本，当 s =3，6，…，3m 时，相同样本的比率是 $1-\frac{s}{3m}$。如果 m =5 或 m >5，相邻两年相同月份的相同样本单元的比率是 $1-\frac{4}{m}$。

美国和日本所使用的样本轮换模式都是对入选样本单元连续调查 a 月，样本单元离开样本 b 月，在接下来的 a 月中样本单元又重新回到样本中。这一过程重复进行，住户被包含在样本中的次数是 m 次，都属于不完全单水平轮换。

很多调查专家都推荐使用1—2—1（m）模式，如克雷格·麦克拉伦、大卫·斯蒂尔（1997）、菲利普·贝尔（1998）等人。对于月度调查趋势的估计很重要，而且月度资料往往会呈现出受季节因素的影响，因此在估计时不能不考虑季节调整。样本轮换后对于趋势的估计是当前很多调查专家关注的重点。1—2—1（m）模式单次轮换的时间跨度正好是 3 个月，因此能有效地进行季节调整。克雷格·麦克拉伦、大卫·斯蒂尔等人曾在 1997 年和 2000 年分别进行过测算，在调查的重点是关注月度变化时，相邻月份之间要求有较高的重叠率，因而推荐使用重叠率较高的"in – for – 8"模式，此时该模式的效率高于"in – for – 6"模式，高于4—8—4模式，更高于1—2—1模式。在季节因素对时间序列有明显的影响时，1—2—1（m）模式是最优选择，其效率甚至高于每月独立的抽取全新样本的模式。

3. 评价

不完全单水平轮换是样本轮换模式讨论的重点。不完全单水平轮换主要应用在月度调查的样本轮换中，可以使不同年份的相同月份保持一定的重叠样本比重，从而对时间序列的趋势进行有效的预测，这是单水平轮换以及永久随机数法轮换目前不能够完成的。当前不完全单水平轮换模式理论相对比较成熟，而且多种不完全单水平轮换模式已经在各国调查中应用，收到良好的效果。各种调查要选择的轮换模式可以根据调查的具体目标而具体确定，并配和适当的估计量，以提高估计精度。

5.3　等概率抽样的样本轮换

105

经常性抽样调查通常在同一总体中抽取样本，但是事物通常不是一成不变的，而是随着时间的推移不断发生变化，如单元的新生、消亡、分裂、合并以及规模和活动性质的变化等。因此抽样框和样本都必须不断地更新以反映这些变化，使调查结果更真实地反映总体。如果调查的目标是要对总体单元的发展趋势进行调查，那么就要求采用固定的样本进行调查，或要求在前后两期的样本之间有较大的样本重叠率；如果考虑到被调查者的回答负担问题，那就要求尽量使用不同的样本，即采用有较小重叠率的样本。这就是连续调查的样本兼容问题。

传统的子样本轮换的特点是在调查开始时即将调查单元化分为若干个样本轮换组，在连续的调查中抽取不同的样本轮换组。在抽样框更新的情况下，子样本轮换显然不能反映出抽样框的变动情况。在永久随机数法抽样技术中，永久随机数与调查单元有唯一确定性，抽取具有某一特征的调查单元入样，因此永久随机数法样本轮换打破了轮换组，调查单元以个体的形式存在于抽样框中，新抽的样本能反映出抽样框的变化情况，因而具有灵活的特征。永久随机数法抽样技术可以比较好地解决连续抽样调查的样本兼容问题。在抽样框更新的情况下，使用永久随机数法抽样技术能有效地控制连续抽样的样本之间的重叠率，因此能有效地实现样本轮换。

永久随机数法抽样技术在各国调查实践中有着广泛的应用，主要集中在农业、能源、商业、价格指数调查等方面。近年来我国也开始引入永久随机数法抽样技术。由于我国刚刚开始应用永久随机数法抽样技术，在调查实践中样本老化问题还不突出，但是样本轮换问题终将是影响调查效率、估计精度等多方面的重要问题。本章系统讨论了永久随机数法抽样技术中的序贯 srswor 抽样、Bernoulli 抽样、Poisson 抽样和其他与规模成比例的抽样技术在经常性抽样调查中的样本轮换方法。希望能够为在我国抽样调查体系中样本轮换的实现提供一点启示。

5.3.1　序贯简单随机抽样的样本轮换

假定我们要从总体中抽取样本量为 n 的连续样本。这里的"总体"可以是抽样层或者子总体。序贯 srswor 抽样是指将抽样框的调查单元按照永久随机数 r_i 的大小排序之后，抽取最初的 n 个单元构成样本。由于永久随机数 r_i 所在的区间 ［0，1］ 区间可以看作一个循环的系统，因而实际上抽取样本时并不是一定要从永久随机数最小的单元开始抽取样本，可以从抽样框的任何一点开始顺序抽取样本。只是习惯上从永久随机数最小的单元开始抽取，这也是为更好地实现调查的样本兼容奠定基础。

1. 抽样框变动可以忽略的情况下的样本轮换

（1）样本轮换的基本原理。最初采用序贯 srswor 抽样实现样本兼容的是瑞典的 SAMU 系统，其中用到的基本方法由阿姆特（Amter et al., 1975）给出，称之为"JALES"（首创者的首字母的缩写）的方法。通常情况下，序贯 srswor 抽样方法是指将随机数按升序排列之后，抽取随机数最小的单元。在连续性调查中，如果要实现两次调查有较好的样本兼容，可以采用相同的调查起点和相同的调查方向，如都抽取永久随机数最小的单元（见图 5 - 1 时间 1）。由于永久随机数不发生变化，假定抽样框没有发生变化，那么两次抽样应该得到完全相同的样本。当然，由于实际中抽样框不是固定不变的，而是不断有新生、消亡的单元（见图 5-1 时间 2）。我们使用相同的调查起点、相同的抽样方向进行抽样，此时抽到的样本的差异主要是由于抽样框中的新生和消亡的单元引起的（见图 5-1 样本 2.1）。在抽样框的变动可以忽略的情况下（如在瑞典，规定新生和消亡的单元数量不超过抽样框的 15%）时，序贯 srswor 方法可以应用于常数平移法样本轮换，即按照样本轮换率，将调查得起点平移一定的距离，仍按照原来的抽样方向进行抽样，于是可以实现样本的更新（见图 5-1 样本 2.2）。例如我们要轮换掉 $\tilde{n}$ 单元，那么在抽取样本时，舍弃前一次抽样的前 $\tilde{n}$ 个单元，而从前一次抽样结束之处继续抽取 $\tilde{n}$ 个单元，于是实现了样本轮换。

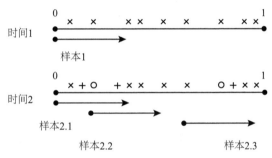

图 5-1 序贯 srswor 中的样本轮换问题

注：× = 保留在总体中的单元；o = 消亡单元；+ = 新生单元。

序贯 srswor 抽样方法可以实现很好的样本兼容，同样道理，也可以得到完全不同的样本。通常情况下，为了得到全新的样本，在总体排序之后，只要采用不同的调查起点，并使起点之间具有足够大的距离，就可以得到单元完全不同的样本（见图 5-1 样本 2.3）。为了更好地控制样本重叠率，在抽样调查时通常采用相同的抽样方向。

（2）实现样本轮换的应用实例。序贯 srswor 抽样方法的显著优点是操作简单，有确定的样本量，能够达到预期的精度。但是由于要对总体进行排队，需要注意当总体中有新的单元产生或者旧的单元消失时，总体排队的顺序会有所改变，需要重新排序。

在样本轮换时，根据序贯 srswor 抽样的样本量和样本轮换率计算需要轮换的样本量 $\tilde{n}$，从本年度样本中舍弃永久随机数最小的 $\tilde{n}$ 个样本单元，并以本年度样本之后相同数量的单元代替，注意以本年度之后的单元的抽取要严格按照永久随机数的顺序抽取。为更形象地阐述样本轮换的原理，下面结合例子予以说明。由 20 个单元构成的总体当中，抽取 50% 的单元作为样本，每年轮换 50%。将总体按照永久随机数排序，抽取已有总体的前 50% 样本单元，即抽取前 10 个单元，每年轮换 50%，即轮换 5 个单元，轮换结果如表 5 - 1 所示。

表 5 - 1　　　　　　　　　序贯 srswor 抽样的样本轮换

样本单元	1	2	3	4	5	6	7	8	9	10
永久随机数	0.04	0.07	0.10	0.15	0.17	0.30	0.34	0.40	0.43	0.47
第一年	★	★	★	★	★	★	★	★	★	★
第二年						★	★	★	★	★
第三年										
样本单元	11	12	13	14	15	16	17	18	19	20
永久随机数	0.52	0.57	0.63	0.65	0.77	0.70	0.86	0.88	0.93	0.94
第一年										
第二年	★	★	★	★	★					
第三年	★	★	★	★	★	★	★	★	★	★

注：★表示抽中。
资料来源：笔者根据历年统计局数据测算所得。

2. 抽样框有显著变动的情况下的样本轮换

我们知道，永久随机数法抽样技术有很好的样本兼容的性质。在抽样框有显著变动的情况下，通常可以采用同步调查（Synchronized Sampling）的方法实现样本轮换。抽样方法来自调整之后的 JALES 方法（Atmer et al.，1975）。

（1）基本方法。在永久随机数法抽样技术中，每个调查单元有一个来自 [0，1] 的均匀分布的永久随机数。定义在 [0，1] 的抽样区间，抽取永久随机数落于起点和终点之间的单元构成样本，其中起点包含在样本中，而终点不在样本中。在有新的单元产生和有旧的单元消亡时，为了达到期望样本量 n，只向右移动起点和终点，以防止调查单元重复进入样本。

　　对于第一次抽样，设定一个永久随机数的起点 s_0，在 s_0 右侧的 n 个单元构成样本，第 n + 1 个单元的永久随机数记作 e_0。抽样的区间可以写成 $[s_0, e_0)$（见图 5 - 2 时间 1）。第二次抽取样本时，只需要记住抽样的起点 s_0 和终点 e_0，将新总体永久随机数落入 $[s_0, e_0)$ 的单元数量与期望样本量 n 进行对比。如果 $[s_0, e_0)$ 包含 n 个单元（也就是说该区间内新生和消亡的单元的数量相互抵消），那么保持原来的抽样区间（见图 5 - 2 时间 2.1）；如果 $[s_0, e_0)$ 包含的单元的数量多于 n（也就是说在该区间内新生的单元多于消亡单元），则将抽样区间的起点向右移动，形成新的抽样区间 $[s_1, e_0)$（见图 5 - 2 时间 2.2）；如果 $[s_0, e_0)$ 包含的单元少于 n 个单元（也就是说该区间内消亡的单元多于新生的单元），那么将终点 e_0 向右移动，形成新的抽样区间 $[s_0, e_1)$（见图 5 - 2 时间 2.3）。如果从前后两次调查的样本量发生了变化，也可以采用上述方法实现抽样。

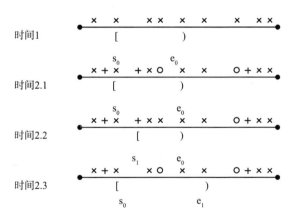

图 5 - 2　抽样框有显著变动时的同步抽样

　　（2）样本轮换的实现。按照同步抽样的原理，在 $[0, 1]$ 设定抽样区间，当抽样框有显著变化时，按照抽样框的变动情况向右移动抽样框的起点和终点，形成新的抽样区间。在序贯 srswor 抽样中。不管抽样框是否有显著变动，都可以采用同步调查的抽样方法来确定抽样区间，只是在抽样框的变动不显著时，尤其是在对抽样的要求不是很严格的情况下，不需要严格界定抽样的区间，直接平移抽样的起点就可以实现样本轮换。

在序贯 srswor 抽样中采用同步抽样的方法，可以通过随机组法实现样本轮换。假定在 R 期之后最初的样本单元完全轮换出样本。当第一次抽取样本量为 n 的样本时，将其划分为样本量分别是 n_1，…，n_R 的轮换组，计划的起点分别为 $p_r(r=0$，…，$R)$，其中 $p_0=s_1$，$p_r=e_1$。于是在最初的抽样中，在每个区间 $[p_{r-1}$，$p_r)$ 分别有 n_r 个样本单元。在下一次调查中用 $[p_1$，$e_1)$ 作为抽样区间，起点和终点的确定如前所述平移以抽取所需的调查单元。于是 s_2 如果不与 p_1 重合就在 p_1 的右边。新的起点通过移动起点 p_0 替换剩余区间中的单元的数量来实现，并以 p_R 作为新的调查终点 e_2。在第 $(R+1)$ 次抽样中，起点 s_{R+1} 不是与 e_1 重合就在 e_1 的右边，于是第一次调查的所有单元都轮换出样本。如果有显著的新生单元的数量，那么起点的移动有可能多于一个目标起点，修正抽样区间，以保证 s_{r+1} 不与 p_r 重合就在 p_r 的右侧。例如如果 $s_2>p_2$，那么第三次抽样的区间是 $[s_2$，$e_2)$ 而不是 $[p_2$，$e_2)$。

按上述方法实施样本轮换，则在 R 期之后最初的单元完全轮换出样本。由于样本轮换和总体变动的原因，抽样区间向右移动。有时在区间 $[s$，$1)$ 没有足够的单元构成样本，于是需要从 0 开始继续抽取单元不足样本，于是抽样区间变成 $[s$，$1)$ 和 $[0$，$e)$ 两部分的和。

我们通过一个简单的例子来说明样本轮换过程。假定在抽样框中抽取 n=3 个单元，每个单元可以看作一个样本轮换组，每次调查轮换掉一个样本轮换组。将抽样区间的起点和终点分别向右平移 1 个样本轮换组，形成新的抽样区间 $[s_1$，$e_1)$。如果在抽样区间内单元新生和消亡的单元的数量相等，则采用抽样区间 $[s_1$，$e_1)$ 抽取样本（见图 5-3 时间 2.1）；如果抽样区间 $[s_1$，$e_1)$ 内新生的单元多于消亡单元，则将抽样区间的起点向右移动，形成抽样区间 $[s_2$，$e_1)$（见图 5-3 时间 2.2）；如果区间 $[s_1$，$e_1)$ 内消亡的单元多于新生的单元，那么将终点 e_1 向右移动，形成新的抽样区间 $[s_1$，$e_2)$（见图 5-3 时间 2.3）。

3. 序贯 srswor 抽样的样本轮换的特点

序贯 srswor 抽样是永久随机数法抽样技术中的最简单的抽样方法，在抽样过程中完全实现随机抽样。序贯 srswor 抽样的样本轮换操作非常简单，适合调查单元的规模没有显著差异的抽样调查。不管是在抽样框是否发生变动，都能方便地实现样本轮换。

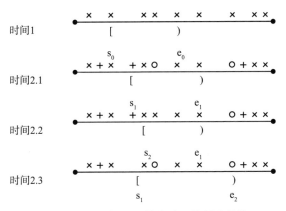

图 5 - 3　抽样框有显著变动时的样本轮换

需要注意的是，在抽样框有显著变化时，预期的样本重叠率有可能不能完全实现，也就是说，并不是所有保留在抽样框中的单元在前一次调查中入样，样本轮换之后，即使不在舍弃的单元之列，该单元一定会保留在样本中。因为新的样本中包含的新生的单元可能会比旧样本中消亡的单元的数量要多，那么序贯 srswor 抽样的原则是顺序抽取预定样本量的单元。于是实现的样本重叠率与预期的样本重叠率不一定完全相同。当然，一般情况下，进行连续调查的总体的变化往往不是很显著，新生和消亡的单元的水平和数量齐平，我们最终得到的样本重叠率与预期的样本重叠率不会产生很大的偏倚。

5.3.2　Bernoulli 抽样的样本轮换

Bernoulli 抽样是入样概率都相等的 Poisson 抽样，即对于所有的单元，入样概率 $\pi_i = f$。按照 Poisson 抽样的方法，Bernoulli 抽样是抽取永久随机数 r_i 满足 $a \leq r_i < a + f$ 的单元构成样本。布鲁尔等（1972）提出使用常数平移法实现 Bernoulli 抽样的样本轮换。

1. Bernoulli 抽样的样本轮换的基本原理

根据抽样比和样本轮换率确定抽样区间平移的距离。记样本轮换率为 q，于是要实现样本轮换，则抽取永久随机数满足：

$$a + qf \leq r_i < a + f + qf$$

的单元。之所以如此操作可以实现样本轮换是因为永久随机数在 [0，1]
是均匀分布的，从理论上说，将抽样区间平移 qf，则相应的有 qf 的单
元离开样本由新的 qf 的单元代替，于是实现了样本轮换。

2. Bernoulli 抽样的样本轮换例子

续上例，每年抽取 50% 的单元构成样本，即抽取永久随机数小于
50% 的单元；此时抽样区间是 [0，0.5），样本轮换时，将区间的上下
限根据样本轮换率平移，如轮换 50% 的样本，则第二年抽取随机数在
[0.25，0.75）之间的样本单元，第三年抽取永久随机数在 [0.5，1.0)
的样本单元。按抽样比抽取样本的抽样方法不需要对总体进行排队，为
了更清楚地说明问题，我们仍然将总体按照永久随机数的大小排队。抽
样及样本轮换结果如表 5 - 2 所示。其中第二年仅抽取了 9 个单元，这
印证了该种抽样方法的缺点，即样本量是以抽样设计时确定的样本量为
期望的随机变量。

表 5 - 2 　　　　　　　　　　Bernoulli 抽样的样本轮换

样本单元	1	2	3	4	5	6	7	8	9	10
永久随机数	0.04	0.07	0.10	0.15	0.17	0.30	0.34	0.40	0.43	0.47
第一年	★	★	★	★	★	★	★	★	★	★
第二年						★	★	★	★	★
第三年										
样本单元	11	12	13	14	15	16	17	18	19	20
永久随机数	0.52	0.57	0.63	0.65	0.77	0.80	0.86	0.88	0.93	0.94
第一年										
第二年	★	★	★	★						
第三年	★	★	★	★	★	★	★	★	★	★

注：★表示抽中。
资料来源：笔者根据历年统计局数据测算所得。

3. Bernoulli 抽样的样本轮换的特点

Bernoulli 抽样方法不需要对总体进行排队，只需要抽取永久随机数

落入抽样区间的单元，因而操作也非常简单。

　　由于 Bernoulli 抽样的样本是随机样本量，那么实现的样本轮换率也不是确定的值，而是随机样本量。我们知道，Bernoulli 抽样随机样本量，这主要是有永久随机数的随机性引起的。我们可以采用永久随机数修匀的办法尽量减少样本量的变动，从而减少 Bernoulli 抽样实现的样本轮换率的变动。另外，在连续性调查中，如果抽样框有显著的变化，两年中 N 可能会发生变化，结果导致即使 n 保持不变，抽样比 f 也会发生变化，这也会导致最终实现的样本重叠与预期的样本重叠之间产生差异。

5.4　不等概率抽样的样本轮换

5.4.1　Poisson 抽样的样本轮换

　　Poisson 抽样是抽取永久随机数满足 $a \leqslant r_i < a + \pi_i$ 的单元构成样本，对于不同的调查单元有不同的抽样区间。单元的入样概率越大，单元的抽样区间越大，也就是说单元的入样可能性越大，这就是 Poisson 抽样能实现与规模成比例的不等概率抽样的基本原理。如果对于所有的单元继续采用相同的抽样区间的办法实现样本轮换，不可避免地会将入样概率小的单元轮换出样本，而保留了入样概率较大的调查单元。这是因为调查单元对应的永久随机数的产生是随机的，对于入样概率较小的单元，其对应的抽样区间较小。为了实现样本轮换平移抽样区间，平移的距离很容易跨出抽样区间，因此规模较小的单元很容易轮换出样本。为了减少入样概率对样本轮换的影响，将调查单元的入样概率引入样本轮换中。设与前一年样本的重叠率为 o，新样本的起点是重叠率 o 的函数。于是永久随机数 r_i 满足：

$$a + (1 - o) \cdot \pi_i < r_i < a + \pi_i + (1 - o) \cdot \pi_i \qquad (5 - 1)$$

亦即：

$$a + (1 - o) \cdot \pi_i < r_i < a + (2 - o)\pi_i \qquad (5 - 2)$$

的单元构成轮换后的样本。需要注意的是，π_i 是第 i 个单元的入样概率，对第 i 个单元而言，π_i 与其相对规模大小 p_i 成正比，即 $\pi_i = np_i$。在抽样比例较高时，会出现入样概率 $\pi_i \geq 1$ 的情形，此时取 $\pi_i = 1$，即该单元为必选单元或者确定性单元，这种单元不再离开样本，这符合目录抽样中某一规模以上的样本单元全部入样的原理。

根据上述公式并逐年迭代，不难看出，Poisson 抽样技术中每年抽取永久随机数满足条件（其中 k 表示第 k 年）：

$$a + (k-1)(1-o)\pi_i < r_i < a + [k - (k-1)o]\pi_i \qquad (5-3)$$

特别的，当要求前后两期的调查采用全新的样本时，令样本重叠率 o = 0，则抽取永久随机数满足：

$$(k-1)\pi_i < r_i < k\pi_i \qquad (5-4)$$

的单元就可以抽到与前一期调查完全不同的样本。需要注意的是，由于 r_i 在 [0, 1] 区间取值，而且 [0, 1] 区间可以看作是循环系统，不等式的两侧仅取小数部分即可，如果起点的小数部分大于终点的小数部分，则对抽样区间进行循环处理。

运用上述理论并结合上例中的数据，同样抽取 50% 的单元作为样本并每年轮换 50%，考察在 Poisson 抽样中样本轮换的实现。表 5-3 是抽样及样本轮换结果。其中样本单元 10、11、15、19 是必选样本。由于 Poisson 抽样实现的样本量是以期望样本量为期望的随机变量。因此在本例中，计划抽取 50% 的单元，即抽取 10 个单元作为样本，而实际抽取结果第一年抽到 9 个单元，第二年抽到 11 个单元，第三年抽到 10 个单元，这符合 Poisson 抽样的特点。由表 5-3 不难看出，在 Poisson 抽样条件下，确定性样本始终保留在样本中，非确定性样本能够有效地实现样本轮换。

表 5-3　　　　　　　　　Poisson 抽样的样本轮换

样本单元	1	2	3	4	5	6	7	8	9	10
永久随机数	0.04	0.07	0.10	0.15	0.17	0.30	0.34	0.40	0.43	0.47
入样概率	0.27	0.13	0.64	0.13	0.08	0.32	0.13	0.15	0.46	1.00
第一年	★	★	★			★			★	★
第二年		★		★		★			★	★
第三年			★	★	★					★

续表

样本单元	11	12	13	14	15	16	17	18	19	20
永久随机数	0.52	0.57	0.63	0.65	0.77	0.80	0.86	0.88	0.93	0.94
入样概率	0.79	0.25	0.42	0.15	1.00	0.77	0.52	0.32	1.00	0.19
第一年	★				★				★	
第二年	★		★		★	★	★		★	
第三年	★		★		★	★	★		★	

注：★表示抽中。

资料来源：笔者根据历年统计局数据测算所得。

　　我们知道 Poisson 样本是随机样本量。因此在样本轮换时，实现的样本重叠率也是随机的。这主要是由永久随机数的随机性引起的，我们可以通过永久随机数修匀的办法减轻 Poisson 抽样的样本量的变动。

　　在经常性调查中，一般来说调查总体不是固定不变的，而是不断由新生、消亡的单元进出抽样框。如果所有的调查单元变化的比率和方向都相同，那么单元的相对规模测度 p_i 将会保持不变。但在更多的情况下不能保证所有调查单元的变化方向和比率都相同，这就需要调整单元的入样概率。因此 Poisson 样本轮换的结果可能与预期的结果存在差异。

5.4.2　序贯 Poisson 抽样的样本轮换

　　序贯 Poisson 抽样是在 Poisson 抽样的基础上计算排序变量 $\xi_i = \dfrac{r_i}{p_i}$，抽取排序变量 ξ_i 最小的 n 个单元构成样本。Poisson 抽样是抽取永久随机数满足 $a \leqslant r_i < a + \pi_i$ 的单元，如前所述，在构造有固定样本量的序贯 Poisson 抽样方法时，通常先转化永久随机数，使 Poisson 抽样的起点归零，即设定新的随机数 $r_i' = r_i - a$，如果 $r_i' < 0$ 进行循环调整，令 $r_i'' = r_i' + 1$。Poisson 抽样中抽取 $a \leqslant r_i < a + \pi_i$ 的单元相当于在新的随机数条件下抽取 $0 \leqslant r_i' < \pi_i$ 的单元。在此基础上计算排序变量 $\xi_i = \dfrac{r_i'}{p_i}$，将抽样框重新排序后，抽取最初的 n 个单元构成样本。与序贯 Poisson 的特点相适应，同步抽样中序贯抽样实现的重叠的样本量也是确定的样本量。

115

1. 序贯 Poisson 抽样样本轮换的基本思想

Poisson 抽样实现样本轮换是通过移动抽样区间，永久随机数满足：

$$a + (1 - \pi_i)o \leq r_i < a + (2 - o)\pi_i \qquad (5-5)$$

的单元构成轮换后的样本。如果采用序贯抽样的方法，在 $a \neq 0$ 时，需要首先转化随机数，将抽样起点归零，不妨设 $a = 0$，则 Poisson 抽样的轮换区间转化成：

$$(1 - o)\pi_i \leq r_i < (2 - o)\pi_i \qquad (5-6)$$

将不等式的三项都除以相对规模 p_i，则

$$\frac{(1 - o)\pi_i}{p_i} \leq \frac{r_i}{p_i} < \frac{(2 - o)\pi_i}{p_i} \qquad (5-7)$$

而且 $\pi_i = np_i$，所以 $\frac{\pi_i}{p_i} = n$，于是抽样区间变成排序变量的形式：

$$n(1 - o) \leq \xi_i < n(2 - o) \qquad (5-8)$$

引入序贯抽样的思想，也就是说在将抽样框按照排序变量排序之后，从第 $n(1-o)$ 个单元开始，抽取 n 个单元构成轮换后的样本。

序贯 Poisson 抽样的样本轮换有点序贯 srswor 抽样的样本轮换的味道。但是序贯 srswor 抽样是简单随机抽样，样本轮换可以在整个抽样框中实施，而序贯 Poisson 抽样的样本轮换的实施需要一定的条件。当 Poisson 抽样的区间的终点 $(2 - o)\pi_i > 1$ 时，可以进行循环处理，抽样区间变成 $(1 - o)\pi_i \leq r_i \leq 1$ 和 $0 \leq r_i < (2 - o)\pi_i - 1$ 两部分组成，这种抽样区间在序贯抽样中很难实现。因此只有在 Poisson 抽样的抽样区间的两个端点都在 $[0, 1]$ 的一次循环中时，序贯 Poisson 抽样实现的样本兼容才与 Poisson 抽样相一致，此时要求所有调查单元的入样概率满足：

$$\pi_i \leq \frac{1}{2 - o} \qquad (5-9)$$

2. 序贯 Poisson 抽样样本轮换的实证研究

（1）所有调查单元的入样概率满足式（5-9）。为了验证本书提出的关于序贯 Poisson 抽样的样本轮换的理论，我们采用某省 2014 年农业数据进行验证。我们仍然以谷物的播种面积计算村的入样概率，期望样本量为 200。采用 Poisson 抽样方法抽取样本。第一年抽到的样本量为 191 个样本。假定每年要轮换出 20% 的样本单元，根据式（5-2）计算

调查单元的抽样区间并抽取样本，则第二年抽到的样本量为 185 个样本，第三年抽到的样本量为 203 个样本，第四年抽到的样本量为 208 个样本。样本量的波动是由 Poisson 抽样的本身特点所决定的。观察样本之间的差别不难发现，第一年的样本有 52 个单元轮换出样本；第二年有 27 个单元轮换出样本；第三年有 34 个单元轮换出样本。每年轮换出的样本的波动也是由 Poisson 抽样的随机样本量的特点所决定的。

我们观察到，在该省参与调查的 3307 个自然村中，所有村的入样概率都小于 0.556，也就是所有的调查单元都满足式（5 - 9），因此我们采用序贯 Poisson 抽样的方法抽取样本，并采用常数平移的方法实现样本轮换。首先计算排序变量 ξ_i，抽取 ξ_i 最小的 200 个单元构成样本，在之后的每次轮换中轮换出 40 个单元。观察抽样的结果不难发现，如果采用 Poisson 抽样实现的样本量小于 200，则 Poisson 抽样的样本单元完全包含在序贯 Poisson 抽样的样本中，如果 Poisson 抽样的实现的样本量超过 200，则序贯 Poisson 抽样的样本单元完全包含在 Poisson 抽样的样本中。对于两者重合的部分，样本轮换的实现完全相同。

（2）有调查单元的入样概率不满足式（5 - 9）。续 Poisson 抽样的例子。在计算排序变量的基础上，按照序贯 Poisson 抽样的样本轮换方法实施样本轮换，结果见表 5 - 4。

117

表 5 - 4　　　　　　　　　序贯 Poisson 抽样的样本轮换

样本单元	1	3	10	2	11	15	6	19	9	16
ξ_i	1.4	1.5	4.7	5.2	6.6	7.7	9.3	9.3	9.4	10.4
第一年	★	★	★	★	★	★	★	★	★	★
第二年						★	★	★	★	★
第三年										
样本单元	4	13	17	5	12	7	8	18	14	20
ξ_i	11.4	15.0	16.6	20.7	22.4	25.9	12.7	27.8	43.9	50.5
第一年										
第二年	★	★	★	★	★					
第三年	★	★	★	★	★	★	★	★	★	★

注：★表示抽中。

资料来源：笔者根据历年统计局数据测算所得。

对比表 5 – 3、表 5 – 4 不难看出，第一年所抽的单元序贯 Poisson 抽样比 Poisson 抽样多抽一个单元，除此之外剩下的 9 个单元完全相同，由此验证了序贯 Poisson 抽样可以保证样本量的性质。我们还发现，第二年和第三年，两种抽样方法所抽的样本单元有较大的差异，这是因为只有调查单元的入样概率不能全部满足 $\pi_i \leqslant \dfrac{1}{2 - o}$ 时，序贯 Poisson 抽样才能与 Poisson 抽样有相同的样本轮换结果。本例中，样本重叠率 50% 时，要求所有调查单元的入样概率不能超过 0.67，显然调查单元不能全部满足该条件，于是出现了显著的差异。从直观上解释，Poisson 抽样在样本轮换时仍然兼顾到了入样概率，当入样概率达到某一标准时，该入样概率所对应的单元将保留在样本中而不会被轮换出。但序贯 Poisson 抽样在样本轮换时不再考虑到入样概率，所有的单元都有被轮换进和轮换出样本的可能。实际上如果直接对序贯 Poisson 抽样采用平移的办法实现样本轮换，在后续的调查中已不再能体现与调查单元的规模成比例的思想。

为了实现序贯 Poisson 抽样的样本轮换，我们考虑对永久随机数进行调整，基本思想与序贯 Poisson 抽样中抽样起点 $a \neq 0$ 时随机数的调整相同，只是在调整过程中加入了调查单元的入样概率。记：

$$r_i' = r_i - (1 - o)\pi_i \tag{5 – 10}$$

若 $r_i' < 0$，则 $r_i'' = 1 + r_i'$。在此基础上计算排序变量 $\xi_i' = \dfrac{r_i'}{p_i}$ 并将总体单元按照抽样框进行排序，抽取最初的 n 个单元构成样本。于是得到第二年和第三年的样本，抽样结果如表 5 – 5 所示。

表 5 – 5　　　　　　　　修正的序贯 Poisson 抽样样本轮换

样本单元	1	2	3	4	5	6	7	8	9	10
永久随机数	0.04	0.07	0.10	0.15	0.17	0.30	0.34	0.40	0.43	0.47
入样概率	0.27	0.13	0.64	0.13	0.08	0.32	0.13	0.15	0.46	1.00
第一年	★	★	★			★			★	★
第二年		★		★		★			★	★
第三年			★	★						★

样本单元	11	12	13	14	15	16	17	18	19	20
永久随机数	0.52	0.57	0.63	0.65	0.77	0.80	0.86	0.88	0.93	0.94
入样概率	0.79	0.25	0.42	0.15	1.00	0.77	0.52	0.32	1.00	0.19
第一年	★				★	★			★	
第二年		★	★	★		★			★	★
第三年	★	★	★		★	★	★		★	

注：★表示抽中。
资料来源：笔者根据历年统计局数据测算所得。

对比表 5 - 3 和表 5 - 5 不难发现，二者的抽样结果非常接近，只有个别的单元会有出入，这主要是由 Poisson 抽样的样本量的随机性决定的。因此我们提出的序贯 Poisson 抽样的样本轮换方法有很好的效果，抽样结果仍然能够体现于规模成比例的不等概率抽样思想。但是很明显，这种样本轮换方法操作复杂，而且改变了永久随机数的唯一确定性，因此并不推荐实践采用。

3. Poisson 抽样和序贯 Poisson 抽样在样本轮换的比较

在 Poisson 抽样的样本轮换中，平移抽样区间，抽取永久随机数满足式（5 - 2）的单元。虽然抽样起点发生了改变，但是抽样区间的跨度并没有变，始终是单元的入样概率，也就是说单元入样的可能性仍然是由其入样概率决定的，因此样本轮换之后的抽样仍然是与规模成比例的不等概率抽样。

序贯 Poisson 抽样方法虽然是 Poisson 抽样方法的变形，但是在样本轮换中，二者显著的区别。从直观上看，永久随机数是均匀分布的，将抽样框按照排序变量 $\xi_i = \dfrac{r_i}{p_i}$ 由小到大的顺序排队，单元的相对规模 p_i 越大排序变量 ξ_i 越小，排在前面的可能性越大，这就是序贯 Poisson 抽样抽取使用 ξ_i 排序后的抽样框的最初的 n 个单元构成样本的原因。从排序变量的计算不难看出，单元的相对规模 p_i 越小，排序变量 ξ_i 越大，于是排在后面的可能性越大。尤其是在高度偏斜的抽样框中，有可能会出现相对规模非常小的单元，其对应的排序变量可能会非常的大。而采用抽样起点平移的方法实现同步调查时，不妨考虑极端的情形，抽取最后的 n 个单元构成样本，在这个样本中很难找到相对规模较大的单元，也就是说此时的抽样调查已经不能体现与规模成比例的不等概率抽样的思想。

从理论上说，出现这种现象的主要原因在于 Poisson 抽样要求永久随机数所在的区间可进行循环调整，而这一点在序贯 Poisson 抽样中很难实现，因此，结合实证研究的结果我们可以得到结论，当所有的调查单元的入样概率都满足式（5-9）时，序贯 Poisson 抽样可以采用常数平移的办法实现样本轮换，否则 Poisson 抽样和序贯 Poisson 抽样样本轮换的结果将大相径庭。此时可以通过修正的序贯 Poisson 抽样的方法实现样本轮换，以达到与 Poisson 抽样的样本轮换非常接近的结果。但是该方法操作复杂，而且改变了永久随机数的唯一确定性，因此在实践中有一定的局限性。

5.5 永久随机数法样本轮换方法述评

永久随机数法抽样技术最大的优势就在于能很好地实现样本兼容，而样本轮换的实现是其优势的一个重要应用。当前国际上讨论永久随机数法样本轮换的文献还不是很多，有的专家提出不改变抽样区间而改变单元的永久随机数的方法来实现样本轮换（如 Pedro J. Saavedra，1995；Ohlsson，1995；等等）。而永久随机数法抽样技术能实现样本兼容的一个重要原因就是与调查单元有唯一确定性的永久随机数。如果在不同的调查时期，单元采用不同的随机数，那么很难保证单元与随机数的唯一确定性，这对于永久随机数法抽样技术的其他优势的实现有很大的障碍。因此笔者认为永久随机数法样本轮换应采用移动抽样区间的办法实现样本轮换。

1. 相对于传统的子样本轮换，永久随机数法样本轮换能有效地反映抽样框的变动情况

子样本轮换通常是首先确定轮换组，因而新生的调查单元无法纳入轮换组中，对于消亡的单元，即使能从轮换组中剔除，那么样本轮换组之间很容易失去平衡。也有人曾提出对于新生的调查单元单独列层以实现抽样框的维护，笔者认为这种做法欠妥，因为新生样本的具体情况是随机的，无法事先确定，新生的样本层的抽样及轮换方法就无从实现。而永久随机数法样本轮换能有效实现抽样框更新。由于随机数与样本单元有唯一确定性，即随着样本单元的产生而产生，随着样本单元的消亡而消亡，而且各个样本单元独立存在，在样本轮换过程中，只要将新生的单元列入抽样框中，将消亡的单元与其随机数一并删除，按照前述理论就可以实现样本轮换。而且，永久随机数法样本轮换能充分体现于规模成比例的不等概率抽样的思想，而在传统的子样本轮换中很难实现不等概率抽样。需要注意的是，在抽样框有较大的变动时，需要调整单元的入样概率，以保证对总体估计的精度和可靠性。只有采用永久随机数法抽样技术，才能够有效地维护抽样框，从而为样本轮换提供相对完备的抽样框。因此相对于传统的子样本轮换，永久随机数法样本轮换更加灵活。

2. 等概率抽样与不等概率抽样的样本轮换的比较

永久随机数法抽样技术在完全随机的等概率抽样中，通过常数平移的办法实现样本轮换，轮换后得到的样本仍然是随机的等概率抽样；在与规模成比例的不等概率抽样中，通过抽样区间的平移（由单元的入样概率和样本重叠率来确定抽样区间的平移距离）来实现样本轮换，轮换的结果仍然能够实现与规模成比例的不等概率抽样。

在等概率抽样的序贯 srswor 中，不管抽样框如何变动，都可以通过常数平移的方法实现样本轮换。但是在不等概率抽样的 Poisson 抽样中，如果抽样框有显著的变动，则需要调整调查单元的入样概率。前后两次调查单元的入样概率出现差异，那么样本轮换时实现的样本重叠与预期的样本重叠就会存在差异。抽样框的变动情况很难控制，由于入样概率的差异而导致的样本重叠率出现的差异也是很难控制的。因此在抽样框的变动很频繁的调查中，采用不等概率抽样在实行样本轮换时工作量很大。如果调查总体呈偏态分布，可以先将抽样框中规模很大的单元归入到必选单元层，剩下的单元采用等概率抽样，这样可以方便地实现样本轮换。

3. 不同的抽样技术配以相应的样本轮换方法

永久随机数法抽样技术能根据调查的目的不同而采用不同的抽样方

法。前面我们已经阐述了序贯 srswor 抽样、Bernoulli 抽样、Poisson 抽样以及序贯 Poisson 抽样的样本轮换地实现。这几种抽样方法是永久随机数法抽样技术中最常用也是最基础的抽样方法。前面有关章节我们提到过 PoMix 抽样、MPPS 抽样、配置抽样、Pareto 抽样等抽样方法，其中 PoMix 抽样和 MPPS 抽样是采用特定入样概率的 Poisson 抽样，配置抽样是对抽样框中的调查单元的永久随机数进行修匀之后进行 Poisson 抽样，因此其样本轮换可以参照 Poisson 抽样的样本轮换方法实现；Pareto 抽样是计算特定的排序变量的序贯抽样，PoMix 抽样、MPPS 抽样、配置抽样都可以构造相应的序贯抽样，因此样本轮换可以参照序贯 Poisson 抽样的样本轮换方法实现。

由于永久随机数法抽样技术的各种抽样方法都可以实现样本轮换，因此永久随机数法抽样技术更加适合经常性抽样调查。在序贯 srswor 抽样中，即是抽样框发生了变动，一般情况下也可以通过样本轮换保证样本的重叠率。但是对于有随机样本量的 Poisson 抽样等抽样方法，在实施样本轮换时，实现的样本重叠率也见是以期望的样本重叠率为期望的随机变量。

4. 简便易行，易于操作

相对于传统的子样本轮换，永久随机数法抽样技术中的样本轮换的操作要简单很多。子样本轮换通常要求在调查之前首先要抽出多个子样本，在之后的调查中按照一定的规则进行轮换。而永久随机数法抽样技术中的样本轮换免去了抽出多个子样本这一环节。总体单元是以个体的形式存在的，免去了子样本的束缚，这也是永久随机数法抽样技术中的样本轮换能体现抽样框的更新的原理所在。

第6章 永久随机数法抽样技术的 估计方法研究

相对于传统的抽样调查方法，永久随机数法抽样技术的抽样方法有很多优良的性质，如能有效地实现与规模成比例不等概率抽样、实现多目标调查、多层次调查、样本轮换等。抽样调查的优势在于能用抽到的样本估计总体的相关指标。从抽样框中抽出样本不是我们的目标，我们的目标是对总体进行有一定精度的估计。因此永久随机数法抽样技术的估计方法的研究有重要的意义。

简单随机抽样的估计方法已相对完备，而 Poisson 抽样由于其估计精度的相对较差而制约其应用的推广。本章在回顾现有常规估计方法的基础上，着重研究 Poisson 抽样方法的改进，试图提高 Poisson 抽样的估计精度。在理论研究的基础上，采用某省 2014 年的农业调查数据进行测算，验证理论研究的结论。

6.1 常规的估计方法

永久随机数法抽样技术按照单元的入样概率是否相等可以分为等概率抽样和不等概率抽样。等概率抽样方法又有序贯 srswor 抽样、Bernoulli 抽样；不等概率抽样有 Poisson 抽样、序贯 Poisson 抽样、PoMix 抽样、配置抽样、MPPS 抽样等抽样方法。等概率抽样中的序贯 srswor 抽样是永久随机数法抽样技术的基础，是简单随机抽样。Bernoulli 抽样是等概率的 Poisson 抽样，而 Poisson 抽样是永久随机数法抽样技术的不等概率抽样的基础。因此我们首先给出永久随机数法抽样技术中序贯 srswor 抽样、Poisson 抽样和序贯 Poisson 抽样的常规的估计方法。

6.1.1 序贯简单随机抽样的估计方法

序贯 srswor 抽样是永久随机数法抽样技术的基础，通常情况是抽取永久随机数最小的单元构成样本，奥尔森（1995）曾证明这种抽样方法是简单随机抽样。简单随机抽样的估计方法已相对完备，常用的估计方法有简单估计量、比估计量和回归估计量。我们在讨论 Poisson 抽样的估计方法时要在 Poisson 抽样中引入广义回归估计和校准估计量，因此有必要首先回顾一下简单随机抽样的估计方法。

假定我们在总体 U 中抽取样本 S，估计总体的总量 $Y = \sum_U y_i$（$\sum_U y_i$ 表示在总体范围内对变量 Y 的所有变量值 y_i 进行加总），或者总体均值 $\bar{Y} = \frac{1}{N} \sum_U y_i$。显然，总量指标等于 N 倍的平均指标，因此对于总体总量指标和平均指标的估计实际上是一致的，可以通过总体中单元的数量 N 进行换算。可用的辅助变量记为 X。对于简单估计量，我们习惯上对总体均值进行估计。

1. 简单估计量

简单估计量是估计方法的基础，这种估计方法最明显的特征是构造简单、直接，可操作性强，适用于多种抽样方法。但这种估计方法忽略了辅助信息，单纯依靠样本中目标变量的信息进行估计，因此精度不高。

假定我们从总体 U 中抽到了样本量为 n 的简单随机样本 S，则总体均值的简单估计量：

$$\bar{y} = \frac{1}{n} \sum_S y_i \qquad (6-1)$$

精度 $V(\bar{y}) = \frac{1-f}{n} S_y^2$ 估计量：

$$v(\bar{y}) = \frac{1-f}{n} s_y^2 \qquad (6-2)$$

其中，f 为抽样比，$f = \frac{n}{N}$，$s_y^2 = \frac{1}{n-1} \sum_S (y_i - \bar{y})^2$。

2. 比估计量

首先定义一下有关符号，记 $x = \sum_S x_i$，$y = \sum_S y_i$，则 $\hat{R} = \dfrac{y}{x}$，如果 $\overline{X} = \dfrac{1}{N} \sum_U x_i$ 已知，则总体均值的比估计量：

$$\overline{y}_R = \hat{R}\,\overline{X} \qquad\qquad (6-3)$$

比估计量的精度

$$V(\overline{y}_R) \approx \frac{1-f}{n}(S_y^2 + R^2 S_x^2 - 2\hat{R}S_{xy}^2) \qquad\qquad (6-4)$$

的无偏估计量为：

$$v(\overline{y}_R) = \frac{1-f}{n}(s_y^2 + \hat{R}^2 s_x^2 - 2\hat{R}s_{xy}^2)$$

其中，$s_x^2 = \dfrac{1}{n-1}\sum_S (x_i - \overline{x})^2$，$s_{xy} = \dfrac{1}{n}\sum_S (y_i - \overline{y})(x_i - \overline{x})$，辅助变量与调查变量的相关系数 $\rho = \dfrac{s_{xy}}{s_y s_x}$。

将上述简单估计量和比估计量的方差进行比较：

$$v(\overline{Y}) - v(\hat{\overline{Y}}_R) = \frac{1-f}{n}(2\hat{R}\rho s_y s_x - \hat{R}^2 s_x^2)$$

不难发现只要 $\qquad\qquad 2\hat{R}\rho s_y s_x - \hat{R}^2 s_x^2 > 0$

即：

$$\rho > \frac{\hat{R}s_x}{2s_y} = \frac{\dfrac{y}{x}s_y}{s_x} = \frac{\dfrac{\overline{y}}{\overline{x}}s_y}{s_x} = \frac{1}{2}\frac{c_x}{c_y}$$

即有：

$$v(\hat{\overline{Y}}) > v(\hat{\overline{Y}}_R)$$

其中，c_y、c_x 分别调查变量 Y 与辅助变量 X 的变异系数。如果我们选择的调查变量与辅助变量的变异程度相当，即 $c_y \approx c_x$，则有 $\dfrac{c_y}{c_x} \approx 1$。于是只要调查变量与辅助变量的相关系数 $\rho > \dfrac{1}{2}$，相对于简单估计量，比估计量就能有效地提高估计的精度。我们在选择辅助信息时，一般情况下选择与调查变量相关性很强的变量，如同一变量的历史信息等，因此相关系数的条件很容易满足。所以在实际估计中引入比估计量能提高估计的精度。

3. 回归估计量

回归估计量的一般形式：

$$\bar{y}_{lr} = \bar{y} + \hat{\beta}(\bar{X} - \bar{x}) \tag{6-5}$$

其中回归系数 $\hat{\beta}$ 可以是预先设定的，更多的情况下是根据样本确定的。在样本量很大的情况下，回归估计的精度表达式：

$$V(\bar{y}_{lr}) \approx \frac{1-f}{n}S_y^2(1-\rho^2), \tag{6-6}$$

可以用：

$$v(\bar{y}_{lr}) = \frac{1-f}{n}s_e^2 \tag{6-7}$$

近似估计，其中：

$$s_e^2 = \frac{1}{n-2}\left\{ \sum_S (y_i - \bar{y})^2 - \frac{[\sum_S (y_i - \bar{y})(x_i - \bar{x})]^2}{\sum_S (x_i - \bar{x})^2} \right\} \tag{6-8}$$

从理论上说，比估计可以看作是回归估计的截距为零时的特殊情况。当样本量很大时，

$$V(\bar{y}_R) - V(\bar{y}_{lr}) = \frac{1-f}{n}[(S_y^2 + R^2 S_x^2 - 2R\rho S_x S_y) - S_y^2(1-\rho^2)]$$

$$= \frac{1-f}{n}(R^2 S_x^2 - 2R\rho S_x S_y + \rho^2 S_y^2)$$

$$= \frac{1-f}{n}(RS_x - \rho S_y)^2 \tag{6-9}$$

于是，除非 $R = \beta\left(\text{其中 } R = \frac{\bar{Y}}{\bar{X}}, \ \hat{R} = \frac{\bar{y}}{\bar{x}}, \ \beta = \frac{S_{yx}}{S_x}, \ \hat{\beta} = \frac{\rho s_y}{s_x}\right)$，比估计和回归估计精度相同，否则回归估计优于比估计。

在实际估计中，回归估计往往优于比估计。但是回归估计有烦琐的计算公式，而且最终的估计量往往是有偏的，所以比估计的应用并不比回归估计少。

6.1.2 Poisson 抽样的估计方法

在讨论 Poisson 抽样的估计方法时，首先要给出调查单元的入样概

率。单元的入样概率通常需要根据单元的辅助信息来计算。对于有限总体的抽样框 $U = \{1, 2, \cdots, N\}$ 和正向的辅助变量 $\mathbf{p} = (p_1, \cdots, p_N)$（即辅助变量的值越大，单元的入样概率越大），假定对于所有的单元 i，有 $p_i > 0$，且

$$\sum_U p_i = 1 \qquad (6-10)$$

于是单元 i 的入样概率：

$$\pi_i = Pr(i \in s) = np_i, \quad i = 1, 2, \cdots, N \qquad (6-11)$$

则抽样过程是严格的与规模成比例的概率抽样，其中 $i \in s$ 表示单元 i 进入样本 S，n 是期望样本量。按与规模成比例的不等概率抽取样本，通常可以取 p_i 为相对规模测度，即 $p_i = \dfrac{A_i}{\sum_U A_i}$，其中，$A_i$ 为单元 i 的规模指标。

　　在抽样框中采取放回抽样的抽样方式，会有一定的效率损失，因此需要采用不放回的抽样方法。Poisson 抽样可以方便地实现与规模成比例的不等概率抽样，即抽取永久随机数满足 $r_i < \pi_i$ 的单元构成样本。我们知道，在一定的条件下，有可能会出现 $\pi_i = np_i \geq 1$ 的情形。在 Poisson 抽样中，由于永久随机数在区间 $[0, 1]$ 内，因此入样概率满足 $\pi_i = np_i \geq 1$ 的单元将全部入样。这符合在高度偏斜的总体中采用目录抽样的原理，即将临界点以上的单元归入全面调查层，临界点以下的单元进行抽样调查。通常情况下，可以先将临界点以上的单元从总体中挑选出来，剩余的总体的单元计算入样概率，直至所有单元的入样概率都小于 1 为止。为了讨论问题的方便，我们假定所有的单元都满足：

$$np_i \leq 1, \quad i = 1, 2, \cdots, N \qquad (6-12)$$

调查目标是估计研究变量 $\mathbf{y} = (y_1, y_2, \cdots, y_N)$，也就是：

$$Y = \sum_U y_i \qquad (6-13)$$

　　Poisson 抽样的一个特征是随机样本量，记作 $\tilde{m}$。调查抽到空样本的概率：

$$Pr(\tilde{m} = 0) = \prod_{i=1}^N (1 - \pi_i) \qquad (6-14)$$

只有在该概率可以忽略的情况之下才可以使用 Poisson 抽样。我们假定这一概率可以忽略。目标量 Y 的无偏（Horvitz - Thompson 抽样）估计量为：

127

$$\hat{Y}_{HT} = \frac{1}{n} \sum_s \frac{y_i}{p_i} \tag{6-15}$$

$\hat{Y}_{HT}$的方差很容易得到（Sarndal et al.，1992），

$$\text{Var}(\hat{Y}_{HT}) = \frac{1}{n} \sum_U (1 - np_i)\left(\frac{y_i}{p_i}\right)^2 p_i \tag{6-16}$$

它的一个无偏估计是：

$$v(\hat{Y}_{HT}) = \sum_s (1 - \pi_i) \frac{y_i^2}{\pi_i^2} \tag{6-17}$$

通常情况下 Poisson 抽样的精度很低，如式（6-17）所示，这也是 Poisson 抽样没有得到充分运用的原因之一。布鲁尔等（1972）给出了自然的替代估计量：

$$\hat{Y}_R = \begin{cases} \dfrac{1}{\tilde{m}} \sum_s \dfrac{y_i}{p_i} & \text{if} \quad \tilde{m} > 0 \\ 0 & \text{if} \quad \tilde{m} = 0 \end{cases} \tag{6-18}$$

因为当 $\tilde{m} = 0$ 时，$\hat{Y}_R$ 的值为 0，因此认真设计估计量还是很有必要的。我们注意到 $\hat{Y}_R$ 是使用向量 p 为辅助变量的常规比估计量。布鲁尔和哈尼夫（1983）给出了比估计量 $\hat{Y}_R$ 的方差公式：

$$\text{Var}(\hat{Y}_R) = \sum_U \pi_i (1 - \pi_i)\left(\frac{y_i}{\pi_i} - \frac{Y}{n}\right)^2 + \text{Pr}(\tilde{m} = 0) Y^2 \tag{6-19}$$

并给出方差估计公式：

$$v(\hat{Y}_R) = \sum_s (1 - \pi_i)\left(\frac{y_i}{\pi_i} - \frac{\hat{Y}_R}{n}\right)^2 + \text{Pr}(\tilde{m} = 0) \hat{Y}_R^2 \tag{6-20}$$

还指出在上式右边第一项乘以 $\frac{n}{m}$ 将会得到更加稳健的估计量。如果认为抽到空样本的概率 $\text{Pr}(\tilde{m} = 0) = 0$。布鲁尔和哈尼夫（1983）给出了较为稳健的比估计量的方差估计公式为：

$$v(\hat{Y}_R) = \frac{n}{\tilde{m}} \sum_s (1 - \pi_i)\left(\frac{y_i}{\pi_i} - \frac{\hat{Y}_R}{n}\right)^2 \tag{6-21}$$

沙恩达尔等（1992）给出了与布鲁尔和哈尼夫（1983）完全相同的方差计算公式：

$$\text{Var}(\hat{Y}_R) = \frac{1}{n} \sum_U (1 - np_i)\left(\frac{y_i}{p_i} - Y\right)^2 p_i \tag{6-22}$$

为了得到置信区间，我们还必须进一步知道 $\hat{Y}_R$ 的分布状况。在一般条件下，Poisson 抽样的估计量 $\hat{Y}_R$ 近似服从均值为 Y 方差为 $\mathrm{Var}(\hat{Y}_R)$ 的正态分布。

将式（6-19）、式（6-22）进行比较可以看出，$\hat{Y}_R$ 通过 $\dfrac{Y^2}{n}$ 缩小了方差。森特（1977）通过模拟研究证明，$\hat{Y}_R$ 确实比 $\hat{Y}_{HT}$ 有更好的精度。沙恩达尔（1996）也赞成使用 $\hat{Y}_R$ 估计量和近似的式（6-22）。我们将在后面进行数据模拟，看看比估计量能否较大地提高估计精度。

Poisson 抽样的比估计量有两种形式：一种是在估计过程中没有进一步引入辅助变量的比估计量，这里构造比估计量的辅助变量仅仅是用于构造调查单元的入样概率的相对规模变量 **p**，我们称之为比估计量，记作 $\hat{Y}_R$。另一种比估计量是在估计过程中进一步引入辅助变量而构造的比估计量，是广义回归估计量的特殊形式，我们称之为广义比估计量，记作 $\hat{Y}_{rat}$。

6.1.3　Bernoulli 抽样的估计方法

Bernoulli 抽样是等概率的 Poisson 抽样，因此应采用 Poisson 抽样的估计方法。Poisson 抽样通常采用 HT 估计量，所以当调查单元的入样概率都等于抽样比 f 时，Bernoulli 抽样的 HT 估计量

$$\hat{Y}_{BHT} = \frac{1}{n}\sum_s \frac{y_i}{p_i} = \sum_s \frac{y_i}{f} = \frac{N}{n}\sum_s y_i \qquad (6-23)$$

根据式（6-1）中序贯 srswor 抽样均值的估计方法可以得到总量指标的估计方法：

$$\hat{Y} = N\bar{y} = N \cdot \frac{1}{n}\sum_s y_i = \frac{N}{n}\sum_s y_i \qquad (6-24)$$

对比式（6-23）和式（6-24）不难看出，二者的计算形势是一致的，但是 Bernoulli 抽样实现的样本量是随机的，所以二者之间的差别在于参与计算的单元的数量不同。

现在考察一下两种等概率抽样的估计精度。对于 Bernoulli 抽样

$$\mathrm{Var}(\hat{Y}_{BHT}) = \sum_U (1-\pi_i)\frac{y_i^2}{\pi_i} = \sum_U (1-f)\frac{y_i^2}{f} = \frac{N-n}{n}\sum_U y_i^2$$

$$(6-25)$$

序贯 srswor 抽样的方法：

$$V(\hat{Y}) = V(N\bar{y}) = N^2 \frac{1-f}{n} S_y^2 = \frac{N(N-n)}{n} \cdot \frac{1}{N-1} \sum_U (y_i - \bar{y})^2$$

$$(6-26)$$

当 N 可以看作很大时，认为 $N \approx N-1$，于是式（6-26）可以简化成：

$$V(\hat{Y}) = \frac{N-n}{n} \sum_U (y_i - \bar{y})^2 \qquad (6-27)$$

比较式（6-25）和式（6-26）可以看出，序贯 srswor 的估计精度远远高于 Bernoulli 抽样。式（6-25）的方差估计量为：

$$v(\hat{Y}_{BHT}) = \sum_S (1-\pi_i) \frac{y_i^2}{\pi_i^2} = \frac{N(N-n)}{n^2} \sum_S y_i^2 \qquad (6-28)$$

Poisson 抽样构造比估计量以提高估计精度，同理对于 Bernoulli 抽样构造比估计量［假定可以认为抽到空样本的概率 $Pr(m=0)=0$］，

$$\hat{Y}_{BR} = \frac{1}{\tilde{m}} \sum_S \frac{y_i}{p_i} = \frac{N}{\tilde{m}} \sum_S y_i \qquad (6-29)$$

式（6-29）的估计量与序贯 srswor 抽样的估计量是完全一致的。估计精度

$$\begin{aligned}
Var(\hat{Y}_{BR}) &= \sum_U \pi_i (1-\pi_i) \left(\frac{y_i}{\pi_i} - \frac{Y}{n} \right)^2 \\
&= \frac{n}{N} \cdot \frac{N-n}{N} \sum_U \left(\frac{Ny_i}{n} - \frac{N\bar{Y}}{n} \right)^2 \\
&= \frac{N-n}{n} \sum_U (y_i - \bar{Y})^2 \qquad (6-30)
\end{aligned}$$

当用样本均值估计总体均值时，式（6-29）与式（6-27）的形式一致，差别只在于参与计算的调查单元的数量，这是由 Bernoulli 抽样的随机样本量决定的。式（6-30）的方差估计量为：

$$\begin{aligned}
v(\hat{Y}_{BR}) &= \frac{n}{\tilde{m}} \sum_S (1-\pi_i) \left(\frac{y_i}{\pi_i} - \frac{\hat{Y}_{BR}}{n} \right)^2 \\
&= \frac{n}{\tilde{m}} \sum_S \left(1 - \frac{n}{N} \right) \left(\frac{Ny_i}{n} - \frac{N\bar{y}_i}{n} \right)^2 \\
&= \frac{N(N-n)}{n\tilde{m}} \sum_S (y_i - \bar{y})^2 \qquad (6-31)
\end{aligned}$$

通过以上讨论我们可以得到结论，如果 Bernoulli 抽样采用 HT 估计量，则其精度低于序贯 srswor 抽样的估计量，如果采用比估计量，则其

精度与序贯 srswor 估计量的精度相当，差别是由 Bernoulli 抽样的随机样本量引起的。

6.1.4　序贯 Poisson 抽样的估计方法

序贯 Poisson 抽样是为瑞典的消费价格指数调查（CPI）而设计的，并在其中得到应用。我们给出与常规的 Poisson 抽样相对应的序贯 Poisson 抽样估计量，这些估计量都是渐近正态分布的，同时具有相同的效率。CPI 数据的模拟证明了估计量的近似无偏，同时方差也基本相当。

序贯 Poisson 抽样首先要计算单元的排序变量 ξ_i，抽样框按照排序变量排序之后，抽取最初的 n 个单元构成样本。尽管序贯 Poisson 抽样在实践应用中非常简单，但其理论是非常复杂的。序贯 Poisson 抽样的一个问题是不能找到调查单元准确的入样概率，因此很难得到标准的无偏估计量。我们通过渐近理论和点估计与方差估计的模拟结果，比较常规 Poisson 抽样和序贯 Poisson 抽样的效率。在实践中二者的估计量是渐近正态、渐近无偏和渐近等效的。

1. 构造估计量

序贯 Poisson 抽样是为了将 Poisson 抽样的随机样本量固定下来而产生的，序贯 Poisson 抽样是近似的 Poisson 抽样。因此对应于 Poisson 抽样的 HT 估计量，考虑估计量：

$$\hat{Y}_S = \frac{1}{n} \sum_s \frac{y_i}{p_i} \qquad (6-32)$$

当样本量足够大，使 Poisson 抽样出现空样本的概率趋近于 0 时，序贯 Poisson 抽样的估计量 $\hat{Y}_S$ 近似服从均值为 Y 方差为式（6-19）的 $\mathrm{Var}(\hat{Y}_R)$ 的正态分布。

2. 方差估计量

当所有的 p_i 都相同时，序贯 Poisson 抽样就是无放回的简单随机抽样。在这种情况之下，Poisson 抽样的方差估计公式（6-22）简化成调查总量指标的序贯 srswor 估计量的著名的方差公式，其中没有因子 $\dfrac{N-1}{N}$。为了"校准"方差，人们可以在已知的"标准"公式的基础上乘以校正因子$\dfrac{N-1}{N}$，得：

$$\mathrm{Var}(\hat{Y}_S) = \frac{1}{n} \cdot \frac{N-1}{N} \sum_U (1 - np_i)\left(\frac{y_i}{p_i} - Y\right)^2 p_i \qquad (6-33)$$

需要注意的是，当调查单元的入样概率都相等时采用 Poisson 抽样的方差公式计算的结果不等于序贯 srswor 的方差，只是约等于序贯 srswor 的方差（Sarndal et al.，1992）。

为了文章的完整性，我们给出序贯 Poisson 抽样的方差估计公式而不给出细节的理论证明。奥尔森（1998）在布鲁尔和哈尼夫（Brewer and Hanif，1983）给出的 Poisson 抽样方差估计量的基础上，进一步对方差估计进行修正，得到：

$$v(\hat{Y}_R) = \frac{1}{n(m-1)} \sum_{i \in s} (1 - np_i)\left(\frac{y_i}{p_i} - \hat{Y}_R\right)^2 \qquad (6-34)$$

相应的提出序贯 Poisson 抽样方差估计量

$$v(\hat{Y}_S) = \frac{1}{n(n-1)} \sum_{i \in s} (1 - np_i)\left(\frac{y_i}{p_i} - \hat{Y}_S\right)^2 \qquad (6-35)$$

当采用等概率抽样时，式（6-33）简化成常规的无偏的序贯 srswor 方差估计量。

6.2 Poisson 抽样估计方法的改进

简单随机抽样的估计方法相对完备，而 Poisson 抽样在实践中的应用往往受到估计方法的制约。本部分笔者将着重讨论 Poisson 抽样的估计方法的改进。为了提高估计的精度，我们考虑用尽量多的辅助信息构造辅助模型进行估计。

当我们对多个调查项目感兴趣时，校准估计量使 Poisson 抽样的广义线性回归估计量更具实用性。问题转化为如何在相同的应用环境中估计均方误差。当所有的抽样概率都很小时，每个项目的 GREG 都可以写出，适当定义的弃一组 Jackknife 方差估计就可以有很多有价值的渐近特征，从而使其在许多领域中得到应用。

Poisson 抽样可能是不等概率抽样中最简单的方式，它的应用经常导致无效的估计量，这也是 Poisson 抽样没有得到广泛应用的原因。但是正如沙恩达尔（1996）提出的，当 Poisson 抽样与回归估计量相结合时，Poisson 抽样的优势就能够得到发挥。本部分回顾了在 Poisson 抽样中引入的广义回归（GREG）估计量的理论，在此基础上使用弃一组 Jackknife 方差估计方法计算 Poisson 抽样的估计精度，6.4 节我们将使用数据进行相应的测算和验证。

6.2.1 背景知识：校准估计量与广义线性回归估计量

1. 校准估计量（Calibration Estimation）

当调查中样本信息非常缺乏时，样本估计量往往不能很好地体现总体的特征，特别是总体内部结构较为复杂时。校准估计量通过使用辅助信息来调整估计量中的权数，提高样本对总体的代表性，进而提高估计精度。

校准估计能改善估计量。假设总体中每个单元的辅助信息向量 $X_j = (x_{j1}, x_{j2}, \cdots, x_{jp})^T$ 已知，由此构造一个形如 $\hat{Y}_c = \sum_S w_j^* y_j$ 的估计量，其中 w_j^* 是对初始权数 w_j 的调整，称为校准权数。

校准权数必须要满足两个条件：

（1）保证辅助变量的样本加权总值与已知的总体总值相同，即 $\hat{X}_c = \sum^n w_j^* x_j = X$，其中 $X = (X_1, X_2, \cdots, X_p)^T$ 是已知总值，也称作"控制总和（Control Totals）"，这个条件也称作"校准方程"；

（2）为了保证估计量的无偏性或者近似无偏性，要尽量使 w_j^* 和初始权数 w_j 的距离达到最小。

满足这两个条件的形如 $\hat{Y}_c = \sum_{j \in s} w_j^* y_j$ 的估计量称作"校准估计量"。

一般测量 w_j^* 和 w_j 的距离函数有很多种，而且不同的距离函数产生不同的估计量形式。通常采用平方差距离函数形式 $D = \sum_{j \in s} \dfrac{c_j(w_j^* - w_j)}{w_j}$，其中 c_j 是与 w_j 无关的正常数，通常取 1，但 c_j 也可以不相等。由此得到校准权数的最优解为 $w_j^* = w_j g_j$，其中 $g_j = 1 + (X - \hat{X})^T \left(\sum \dfrac{w_j x_j x_j^T}{c_j} \right)^{-1} \dfrac{x_j}{c_j}$ 为校正因子，校准权数是初始权数 w_j 和校正因子 g_j 的乘积。研究表明，

尽管不同的距离函数，导致估计量的形式有所不同，但是都近似于采用平方距离函数的估计值。吴和森特（Wu and Sitter，2001）将采用各种距离函数的校准估计归结到一种模型校准估计量（Model – Calibration Estimator）的框架之内。

校准估计量使用辅助信息，降低了方差，提高了估计精度，成为抽样调查分析中强大的工具。在很多国家都很重视这种估计方法的使用和软件的开发，例如法国的 Calmar，加拿大的 GES，荷兰的 Bascula。使用辅助信息对样本结构进行校正，能使得样本更好地体现抽样调查设计的特征。

使用校准估计量具有以下特点

（1）校正权数使得辅助变量的样本加权总量与总体总量保持一致，所以如果辅助变量与目标变量相关性较高的话，这一优良性质将同样适用于目标变量，使得对目标变量的估计保持了一致性，推断效率大大提高。

（2）校准权数接近初始权数，能够更好地体现抽样调查设计的要求。

（3）校准估计量的效率依赖于目标变量 Y 和辅助变量 X 之间的关系，若两者之间高度线性相关，那么估计的效率就很高；若相关性较差，校准估计的效果也将很差。

2. 广义线性回归估计量（Generalized Regression Estimation，GREG）

广义线性回归估计方法是通过辅助信息构造模型估计量，假设辅助变量的总值 X 已知，由此构造形式为 $\hat{Y}_{GR} = \hat{Y} + (X - \hat{X})^T \hat{B}$ 的广义回归估计量，其中 $\hat{Y} = \sum_S w_j y_j$，$\hat{X} = \sum_S w_j x_j$ 分别是目标变量和辅助变量的 HT 估计量，$\hat{B} = (\hat{\beta}_1, \cdots, \hat{\beta}_p)^T = \left(\sum_{j \in s} \frac{w_j x_j x_j^T}{c_j} \right)^{-1} \left(\sum_{j \in s} \frac{w_j x_j y_j}{c_j} \right)$ 是样本加权最小平方估计系数。估计量的近似方差是 $V(\hat{Y}_{GR}) = \sum_{j=1}^N \sum_{i=j+1}^N (\pi_i \pi_j - \pi_{ij}) \left(\frac{e_i}{\pi_i} - \frac{e_j}{\pi_j} \right)^2$，其中 $e_j = y_j - x_j \hat{\beta}$。由于估计量的形式与我们熟悉的回归估计量相似，被称为"广义回归估计量"（GREG）。当参数 $c_j = v^T x_j$，（$j \in U$，v 是常数）时，GREG 可以写成比较简单的形式，$\hat{Y}_{GR} = X^T B =$

$\sum \tilde{w}_j y_j$，其中 $\tilde{w}_j = w_j \tilde{g}_j$，$\tilde{g}_j = X^T \left(\sum \dfrac{w_j x_j x_j^T}{c_j} \right)^{-1} \dfrac{x_j}{c_j}$。

使用广义回归估计方法，由于使用了与之高度相关的辅助信息，并通过所有样本单元的信息获得回归系数的估计，在一定程度上弥补了样本结构不能很好地体现总体结构的缺陷。

6.2.2　在 Poisson 抽样中结合校准估计构造广义线性回归估计量

1. 构造估计量

假定我们在样本（S）的基础上估计总体（U）的总量 $Y = \sum_U y_k$。如果单元 i 入样的概率 $\pi_i > 0$，那么 Y 的常规估计量 $\hat{Y}_{HT} = \sum_S \dfrac{y_i}{\pi_i}$。在 Poisson 抽样中（例如，Sarndal，Swensson and Wretman，1992），每个单元 i 在总体中独立抽样，$\hat{Y}_{HT}$ 的随机方差为 $Var_p(\hat{Y}_{HT}) = \sum_U \left(\dfrac{y_i}{\pi_i} \right)^2$

$(\pi_i - \pi_i^2) = \sum_U \dfrac{y_i^2}{\pi_i}(1 - \pi_i)$，其无偏估计量为 $var_p(\hat{Y}_{HT}) = \sum_S \left(\dfrac{y_i}{\pi_i} \right)^2$

$(1 - \pi_i)$。

由于样本量是随机的，在 Poisson 抽样中，使用 $\hat{Y}_{HT}$ 估计量会产生大于必要方差的随机方差。将 Poisson 抽样与 GREG 相结合就可以提高估计的精度。构造广义线性回归估计量

$$\hat{Y}_{GREG} = \hat{Y}_{HT} + \left(\sum_U \mathbf{x}_i - \sum_S \dfrac{\mathbf{x}_i}{\pi_i} \right) \left(\sum_U \dfrac{c_i \mathbf{x}_i' \mathbf{x}_i}{\pi_i} \right)^{-1} \left(\sum_S c_i \mathbf{x}_i' y_i \right)$$

$$(6-36)$$

其中 $\mathbf{x}_i = (x_{il}, \cdots, x_{iQ})$ 是对于所有的调查单元都已知的横向量，共采用 Q 个辅助变量，c_i 是系数，$\sum_U \mathbf{x}_i$ 已知，$\sum_S \dfrac{c_i \mathbf{x}_i' \mathbf{x}_i}{\pi_i}$ 是可转置矩阵。

GREG 估计量可以简写成 $\hat{Y}_{GREG} = \sum_S w_i y_i$ 的形式，其中 w_i 是单元 i 的回归权数，

$$w_i = \dfrac{1}{\pi_i} + \left(\sum_U \mathbf{x}_i - \sum_S \dfrac{\mathbf{x}_i}{\pi_i} \right) \left(\sum_S \dfrac{c_i \mathbf{x}_i' \mathbf{x}_i}{\pi_i} \right)^{-1} \dfrac{c_k \mathbf{x}_i'}{\pi_i} \quad (6-37)$$

很容易看出，

$$\sum\nolimits_{s} w_i \mathbf{x}_i = \sum\nolimits_{s} \frac{\mathbf{x}_i}{\pi_i} + \left(\sum\nolimits_{U} \mathbf{x}_i - \sum\nolimits_{s} \frac{\mathbf{x}_i}{\pi_i} \right) \left(\sum\nolimits_{s} \frac{c_i \mathbf{x}_i' \mathbf{x}_i}{\pi_i} \right)^{-1} \sum\nolimits_{s} \frac{c_k \mathbf{x}_i' \mathbf{x}_i}{\pi_i}$$

$$= \sum\nolimits_{s} \frac{\mathbf{x}_i}{\pi_i} + \left(\sum\nolimits_{U} \mathbf{x}_i - \sum\nolimits_{s} \frac{\mathbf{x}_i}{\pi_i} \right)$$

$$= \sum\nolimits_{U} \mathbf{x}_i \qquad\qquad (6-38)$$

因此，w_i 满足校准方程

$$\sum\nolimits_{s} w_i \mathbf{x}_i = \sum\nolimits_{U} \mathbf{x}_i \qquad\qquad (6-39)$$

因此 $\hat{Y}_{GREG}$ 是 Y 的校准估计量。

关于系数 c_i 通常有两种经验估计量。一个是令 $c_i = \dfrac{1}{x_i}$，式（6-36）

简化成广义比估计量，$\hat{Y}_{rat} = \left(\sum\nolimits_{U} x_i \right) b_{rat}$，其中 $b_{rat} = \dfrac{\sum\nolimits_{s} \dfrac{y_i}{\pi_i}}{\sum\nolimits_{s} \dfrac{x_i}{\pi_i}}$；另外一个

是最优估计量（Rao，1994），有 $c_i = \dfrac{\pi_i(1-\pi_i)}{x_i}$，于是式（6-36）可

以写作：

$$\hat{Y}_{opt} = \sum\nolimits_{s} \frac{y_i}{\pi_i} + \left[\sum\nolimits_{U} x_i - \sum\nolimits_{s} \frac{x_i}{\pi_i} \right] b_{opt}$$

其中 $b_{opt} = \dfrac{\sum\nolimits_{s} y_i(1-\pi_i)}{\sum\nolimits_{s} x_i(1-\pi_i)}$。当 $b = b^*$，

$$b^* = \frac{\sum\nolimits_{U} y_i(1-\pi_i)\pi_i}{\sum\nolimits_{U} x_i(1-\pi_i)\pi_i} = \frac{Cov\left(\sum\nolimits_{s} \dfrac{x_i}{\pi_i}, \sum\nolimits_{s} \dfrac{y_i}{\pi_i} \right)}{Var_p\left(\sum\nolimits_{s} \dfrac{x_i}{\pi_i} \right)}$$

时，b_{opt} 取得概率极限，此时可以写作 $\hat{Y}_{GREG} = \sum\nolimits_{s} \dfrac{y_i}{\pi_i} + \left(\sum\nolimits_{U} x_i - \right.$

$\left. \sum\nolimits_{s} \dfrac{x_i}{\pi_i} \right) b$ 的形式的估计量的随机方差达到最小（Phillip Kott，2004）。

之后我们将分别采用这两种系数进行测算。

2. 估计量的性质

式（6-36）中的 GREG 估计量在一定的条件下有很好的基于随机性和基于模型的性质。下面我们将简单的予以回顾。

（1）基于随机性的性质。$\hat{Y}_{GREG}$ 有渐近的随机性，也就是说在期望样本量 n 很大时，$\hat{Y}_{GREG}$ 是随机的。当期望样本量可以无限增大时，相对平均误差等于 0。我们假定 $N^{-1}(\sum_U c_i \mathbf{x}_i' \mathbf{x}_i)$ 是可转置的，令 $\mathbf{B} = (\sum_U c_i \mathbf{x}_i' \mathbf{x}_i)^{-1} \sum_U c_i \mathbf{x}_i' y_i$，且 $e_i = y_i - \mathbf{x}_i \mathbf{B}$，于是 $\sum_U c_i \mathbf{x}_i' e_i = 0$。我们进一步假定总体的值 $\sum_S \dfrac{c_i \mathbf{x}_i' e_i}{\pi_i}$ 和 $\sum_S \dfrac{\mathbf{x}_i}{\pi_i} - \sum_U \mathbf{x}_i$ 是 $O_p\left(\dfrac{N}{\sqrt{n^*}}\right)$。我们可以写出 $\hat{Y}_{GREG}$ 偏差的表达式 $\hat{Y}_{GREG} - Y = \sum_S \dfrac{e_i}{\pi_i} - \sum_S e_i + O_p\left(\dfrac{N}{n^*}\right)$。利用前提条件 $\sum_U c_i \mathbf{x}_i' e_i = 0$ 以及每个 w_i 与其相应的 $\dfrac{1}{\pi_i}$ 的一致性（Phillip Kott，2004）可以将该误差公式进行简化。

（2）基于模型的性质。假定 y 是满足如下模型的随机变量：

$$y_i = x_i \beta + \varepsilon_i \tag{6-40}$$

其中 β 是未知列向量，对于 $i \neq j$，$E(\varepsilon_i \mid \mathbf{x}_i, I_i) = E(\varepsilon_i \varepsilon_j \mid \mathbf{x}_i, \mathbf{x}_j, I_i, I_j) = 0$，且 $E(\varepsilon_i^2 \mid I_i) = \sigma_i^2$，$\sigma^2$ 不需要已知。

很容易看出，只要回归权数满足校准方程（6-39），$\hat{Y}_{GREG}$ 将实现模型无偏，即 $E_\varepsilon(\hat{Y}_{GREG} - Y) = 0$。而且模型方差

$$
\begin{aligned}
E_\varepsilon\left[(\hat{Y}_{GREG} - Y)^2\right] &= E_\varepsilon\left[\left(\sum_S w_i \varepsilon_i - \sum_U \varepsilon_i\right)^2\right] \\
&= \sum_S w_i^2 \sigma_i^2 - 2\sum_S w_i \sigma_i^2 + \sum_U \sigma_i^2 \\
&\approx \sum_S w_i^2 \sigma_i^2 - \sum_S w_i \sigma_i^2 \tag{6-41}
\end{aligned}
$$

对于向量 $\mathbf{h}$，如果 σ_i^2 可以写作 $\mathbf{x}_i \mathbf{h}$ 的形式，由于 w_i 满足校准方程（6-39），因此

$$\sum_S w_i \sigma_i^2 - \sum_U \sigma_i^2 = \sum_S w_i \mathbf{x}_i \mathbf{h} - \sum_U \mathbf{x}_i \mathbf{h} = 0 \tag{6-42}$$

于是最后的约等于取得等于：

$$
\begin{aligned}
E_\varepsilon\left[(\hat{Y}_{GREG} - Y)^2\right] &= E_\varepsilon\left[\left(\sum_S w_i \varepsilon_i - \sum_U \varepsilon_i\right)^2\right] \\
&= \sum_S w_i^2 \sigma_i^2 - 2\sum_S w_i \sigma_i^2 + \sum_U \sigma_i^2
\end{aligned}
$$

$$= \sum_S w_i^2 \sigma_i^2 - \sum_S w_i \sigma_i^2 \qquad (6-43)$$

（3）方差估计：

沙恩达尔（1986）提出了如下 $\hat{Y}_{GREG}$ 估计量的模型方差和均方误差的估计：

$$v_S = \sum_S w_i^2 (1 - \pi_i) r_i^2 \qquad (6-44)$$

其中 $r_i = y_i - \mathbf{x}_i \mathbf{b}$，且 $\mathbf{b} = \left(\sum_S \frac{c_k \mathbf{x}_k' \mathbf{x}_k}{\pi_k} \right)^{-1} \sum_S \frac{c_k \mathbf{x}_k' y_k}{\pi_k}$。当 π_i 小到可以忽略时，$w_i^2 \gg w_i$，于是：

$$v_S \approx v_0 = \sum_S (w_i r_i)^2 \qquad (6-45)$$

6.2.3 方差估计量

在实际工作中往往有多个调查变量。式（6-44）中出现的问题就是即使使用通用的回归向量 $\mathbf{x}_i$，也要求分别计算每个变量的 r_i，这在多目标调查中会引起非常烦琐的计算。我们知道，通常可以采用 Jackknife 方差估计方法来估计复杂抽样设计的方差，这就是弃一组 Jackknife 方差估计量（Delete-a-group Jackknife Variance Estimator，DAG）在实践中能起到很大作用的原因。科特（1998）的 NASS 研究报告讨论了 DAG 估计量的广泛应用。

假定所有单元的入样概率 π_i 在方差估计时都小到可以忽略。这就意味着 $\hat{Y}_{GREG}$ 的模型方差 $E_\varepsilon [(\hat{Y}_{GREG} - Y)^2] \approx \sum_S w_i^2 \sigma_i^2 - \sum_S w_i \sigma_i^2$ 近似等于 $v_0 = \sum_S w_i^2 \sigma_i^2$。

将 Poisson 样本单元随机分成 G 个复制组，记作 S_1，…，S_G（有些组的单元个数比其他的组多 1 个）。每个 S_g 的补集称作 Jackknife 复制组，记作 $S_{(g)} = S - S_g$。为每个复制组计算复制权数。对于第 g 组，如果 $i \in S_g$，则 $w_{i(g)} = 0$，否则

$$w_{i(g)} = \frac{G}{G-1} \cdot w_i + \left(\sum_U \mathbf{x}_k - \sum_{S_{(g)}} \frac{G}{G-1} w_k \mathbf{x}_k \right)$$

$$\left(\sum_{S_{(g)}} \frac{c_k \mathbf{x}_k' \mathbf{x}_k}{\pi_k} \right)^{-1} \cdot \frac{c_i \mathbf{x}_i'}{\pi_i} \qquad (6-46)$$

对于 $i \in S_{(g)}$，计算的 $w_{i(g)}$ 非常接近相应的 $\frac{G}{G-1} w_i$，并且很容易看出，

对于所有的 g，满足校准方程 $\sum_U w_{j(g)} \mathbf{x}_k = \sum_U \mathbf{x}_k$。

$\hat{Y}_{GREG}$ 的弃一组方差估计量为：

$$v_J = \frac{G-1}{G} \sum^G \left(\sum_S w_{i(g)} y_i - \hat{Y}_{GREG} \right)^2 \qquad (6-47)$$

该方差估计方法能否提高方差估计的精度，我们将在 6.4 进行模拟测算。

6.3 多目标调查的估计方法

在第 3 章里我们专门讨论了永久随机数法抽样技术中的多目标调查问题的实现。本章我们在讨论了单变量调查的估计方法的基础上，进一步探讨多目标调查的估计方法。

6.3.1 多目标调查方法的回顾

首先我们要回顾一下多目标调查方法（MPPS 抽样）。假定我们有 M 个目标变量，y_{im} 表示单元 i 的第 m 个目标变量的 y 值，每个目标变量有自己的辅助变量（可能会相同也可能不同）。x_{im} 表示单元 i 第 m 个辅助变量的 x 值。而且假定每个目标可辅助变量组遵循如下模型：

$$y_{im} = \beta_m \left(x_{im} + \left[\frac{\sum_U x_{km}}{\sum_U x_{km}^g} \right] x_{im}^g \varepsilon_{im} \right) \qquad (6-48)$$

其中，$E(\varepsilon_{im} \mid x_{im}) = E(\varepsilon_{im}\varepsilon_{jm} \mid x_{im}, x_{jm}) = 0 \ (i \neq j)$，而且对于所有的 m 有 $Var(\varepsilon_{im} \mid x_{im}) = \sigma_m^2$。

为样本构造一组满足 M 个校准方程：

$$\sum_S w_i x_{im} = \sum_U x_{im} \quad m = 1, \cdots, M$$

的权数 $\{w_i\}$，于是每个 $w_i = \pi_i^{-1} \left(1 + O_P\left(\frac{1}{\sqrt{n}}\right) \right)$，其中 π_i 为单元 i 的入样概率。每个校准在公式（6-48）的条件下，估计量 $\hat{Y}_{C(m)} = \sum_S w_i y_{im}$ 提供了一个对 $Y_m = \sum_U y_{im}$ 的模型无偏估计量。

构造这些权数的一个潜在的方法就是采用如下线性回归：

$$w_i = \pi_i^{-1} + \left(\sum_U \mathbf{x}_k - \sum_S \pi_k^{-1} \mathbf{x}_k \right) \left(\sum_S c_k \pi_k^{-1} \mathbf{x}_k' \mathbf{x}_k \right)^{-1} c_i \pi_i^{-1} \mathbf{x}_i'$$

$$(6-49)$$

其中，$\mathbf{x}_i = (x_{i1}, \cdots, x_{kM})$ 是行向量，选择使 $\sum_S c_k \pi_k^{-1} \mathbf{x}_k' \mathbf{x}_k$ 可转置的任意 c_i。在单变量模拟中，我们取 $c_i = \dfrac{1}{x_i}$ 构造广义比估计量，取 $c_i = \dfrac{\pi_i(1-\pi_i)}{x_i}$ 构造最优估计量。对于所有的 i，当 x_{im} 都是常数时，取 $c_i = 1$。布鲁尔（1994）假定 $c_i = \dfrac{(1-\pi_i)}{z_i}$，其中 z_i 是对 M 个辅助变量的综合规模测度。

在多目标调查中，调查单元的入样概率通常通过"取大取小"的方法确定

$$\pi_i = \min\{1, \max\{n_1 h_{i1}^{(g)}, \cdots, n_M h_{iM}^{(g)}\}\}$$

其中，$\pi_{im} = n_m h_{im}^{(g)}$ 是变量 m 的 Brewer 抽样概率，$h_{im}^{(g)} = \dfrac{x_{im}^g}{\sum_U x_{km}^g}$。

6.3.2 构造估计量

多目标调查是单变量调查的拓展。在多目标调查中，第 m 个调查变量的广义回归估计量

$$\hat{Y}_{G(m)} = \hat{Y}_{HT(m)} + \left(\sum_U \mathbf{x}_i - \sum_S \frac{\mathbf{x}_i}{\pi_i} \right) \left(\sum_U \frac{c_i \mathbf{x}_i' \mathbf{x}_i}{\pi_i} \right)^{-1} \left(\sum_S c_i \mathbf{x}' y_{im} \right)$$

$$(6-50)$$

有关参数设定如前述单变量调查所述。对于单变量调查，广义回归估计量可以简写成 $\hat{Y}_{GREG} = \sum_S w_i y_i$ 的形式，其中 w_i 是单元 i 的回归权数，

$$w_i = \frac{1}{\pi_i} + \left(\sum_U \mathbf{x}_i - \sum_S \frac{\mathbf{x}_i}{\pi_i} \right) \left(\sum_S \frac{c_i \mathbf{x}_i' \mathbf{x}_i}{\pi_i} \right)^{-1} \frac{c_k \mathbf{x}_i'}{\pi_i} \quad (6-51)$$

对于多目标调查，权数的设定同样适用。

更一般的条件下

$$\mathbf{y}_{im} = \mathbf{x}_i \boldsymbol{\gamma}_m + \mathbf{u}_{im}$$

估计量 $\hat{Y}_{G(m)}$ 是模型无偏的，其中 $\boldsymbol{\gamma}_m$ 是非特定的 M 维向量，$E(\mathbf{u}_{im} \mid \mathbf{x}_i) = 0$。

为了能够估计 $\hat{Y}_{(m)}$ 的模型方差，我们需要增加假定条件 $E(\mathbf{u}_{im}\mathbf{u}_{jm} \mid \mathbf{x}_i, \mathbf{x}_j) = 0$，且 $E(\mathbf{u}_{im}^2 \mid \mathbf{x}_i) = \sigma_{im}^2 < \infty$。我们允许方差不确定，但要求其是有限的。

由于

$$E_\varepsilon \big[(\hat{Y}_{G(m)} - Y_m)^2 \big] = \sum_S w_i^2 \sigma_{im}^2 - 2 \sum_S w_i \sigma_{im}^2 + \sum_U \sigma_{im}^2$$

$$(6-52)$$

当样本量很大时，我们可以采用近似方程 $\sum_S w_i \sigma_{im}^2 \approx \sum_S \dfrac{\sigma_i^2}{\pi_i} \approx \sum_U \sigma_{im}^2$，于是可以推导出：

$$E_\varepsilon \big[(\hat{Y}_{G(m)} - Y)^2 \big] = \sum_S (w_i^2 - w_i) \sigma_{im}^2 < \sum_S w_i^2 \sigma_{im}^2 \quad (6-53)$$

对于 Poisson 抽样来说，$\hat{Y}_{G(m)}$ 的随机均方误差为：

$$E_G \big[(\hat{Y}_{G(m)} - Y)^2 \big] \approx \sum_U \ddot{e}_{im}^2 (\pi_i^{-1} - 1) \quad (6-54)$$

其中，$\ddot{e}_{im} = y_{im} - \mathbf{x}_i \mathbf{B}_m$，$\mathbf{B}_m = (\sum_U c_k \mathbf{x}_k' \mathbf{x}_k)^{-1} \sum_U c_k \mathbf{x}_k' y_{km}$。因为

$$\sum_S w_i y_{im} \mathbf{x}_k - \sum_U w_i y_{im} = \sum_S w_i \ddot{e}_{im} \mathbf{x}_k - \sum_U \ddot{e}_{im}$$

$$= \sum_S \frac{\ddot{e}_{im}}{\pi_i} + (\sum_U \mathbf{x}_k - \sum_S \pi_i^{-1} \mathbf{x}_k)$$

$$(\sum_S c_k \pi_k^{-1} \mathbf{x}_k' \mathbf{x}_k)^{-1} \sum_S c_i \pi_i^{-1} \mathbf{x}_i' \ddot{e}_{im} - \sum_U \ddot{e}_{im}$$

$$\approx \sum_S \frac{\ddot{e}_{im}}{\pi_i} + (\sum_U \mathbf{x}_k - \sum_S \pi_i^{-1} \mathbf{x}_k)$$

$$(\sum_S c_k \pi_k^{-1} \mathbf{x}_k' \mathbf{x}_k)^{-1} \sum_P c_i \mathbf{x}_i' \ddot{e}_{im} - \sum_U \ddot{e}_{im}$$

$$\approx \sum_S \frac{\ddot{e}_{im}}{\pi_i} - \sum_U \ddot{e}_{im} \quad (6-55)$$

这两个估计量的方差和 $\hat{Y}_{G(m)}$ 的随机均方误差为：

$$v(\hat{Y}_{G(m)}) = \sum_S (w_i^2 - w_i) e_{im}^2 \quad (6-56)$$

其中，$e_{im} = y_{im} - x_i \mathbf{b}_m$，$\mathbf{b}_m = (\sum_S c_k \pi_k^{-1} \mathbf{x}_k' \mathbf{x}_k)^{-1} \sum_S c_k \pi_k^{-1} \mathbf{x}_k' y_{km}$ 分别是 $\ddot{e}_{im}$ 和 $\mathbf{B}_m$ 的估计量。

141

6.3.3 方差估计量——弃一组（DAG）Jackknife 估计量

把 Piosson 样本随机分成 G 个复制组，以 S_1，S_2，…，S_G 表示（其中一些复制组比其他的组多一个单元）。每个组 S_r 的补集 $S_{(g)} = S - S_g$ 称作 Jackknife 复制组，计算复制权数 $w_{i(g)}$。对于第 g 组，当 $i \in S_g$ 时，$w_{i(g)} = 0$，否则

$$w_{i(g)} = w_i + (\sum_U \mathbf{x}_k - \sum_{S(g)} \pi_k^{-1} \mathbf{x}_k)(\sum_{S(g)} c_k \pi_k^{-1} \mathbf{x}_k' \mathbf{x}_k)^{-1} c_i \pi_i^{-1} \mathbf{x}_k'$$
$$(6-57)$$

当可以认为 G 很大时，$w_{i(g)} \approx w_i$。在模型中，因为 ε_{im} 与单元无关，

$$\sum_S w_{i(g)} \varepsilon_{im} - \sum_S w_i \varepsilon_{im} = - \sum_{S(g)} w_i \varepsilon_{im} + (\sum_U \mathbf{x}_k - \sum_{S(g)} w_k \mathbf{x}_k)$$
$$(\sum_{S(g)} c_k w_k \mathbf{x}_k' \mathbf{x}_k)^{-1} \sum_{S(g)} c_i w_i \mathbf{x}_i' \varepsilon_{im}$$
$$\approx - \sum_{S(g)} g_i \varepsilon_{im} \qquad (6-58)$$

即使没有这个模型，当 G 可以看作很大时，

$$\sum_S w_{i(g)} \ddot{e}_{im} - \sum_S w_i \ddot{e}_{im}$$
$$= - \sum_{S(g)} w_i \ddot{e}_{im} + (\sum_U \mathbf{x}_k - \sum_{S(g)} w_k \mathbf{x}_k)$$
$$(\sum_{S(g)} c_k w_k \mathbf{x}_k' \mathbf{x}_k)^{-1} \sum_{S(r)} c_i w_i \mathbf{x}_i' \ddot{e}_{im}$$
$$\approx - \sum_{S(g)} w_i \ddot{e}_{im} + (\sum_U \mathbf{x}_k - \sum_{S(g)} w_k \mathbf{x}_k)$$
$$(\sum_{S(r)} c_k w_k \mathbf{x}_k' \mathbf{x}_k)^{-1} \sum_{S(r)} c_i \pi_i^{-1} \mathbf{x}_i' \ddot{e}_{im}$$
$$\approx - \sum_{S(g)} w_i \ddot{e}_{im} + (\sum_P \mathbf{x}_k - \sum_{S(r)} w_k \mathbf{x}_k)$$
$$(\sum_{S(r)} c_k w_k \mathbf{x}_k' \mathbf{x}_k)^{-1} \sum_S c_i \pi_i^{-1} \mathbf{x}_i' \ddot{e}_{im}$$
$$\approx - \sum_{S(g)} w_i \ddot{e}_{im} + (\sum_P \mathbf{x}_k - \sum_{S(r)} w_k \mathbf{x}_k)$$
$$(\sum_{S(r)} c_k w_k \mathbf{x}_k' \mathbf{x}_k)^{-1} \sum_P c_i \mathbf{x}_i' \ddot{e}_{im}$$
$$= - \sum_{S(g)} w_i \ddot{e}_{im} \qquad (6-59)$$

$\hat{Y}_{G(m)}$ 的 DAG 方差估计量为：

$$v_j(\hat{Y}_{G(m)}) = \frac{(G-1)}{G} \sum^G (\sum_S w_{i(g)} y_{im} - \hat{Y}_{G(m)})^2 \quad (6-60)$$

美国农业部曾经令 $c_i = 1 - \pi_i$，确定校准权数，希望估计量可以写

作如下形式：

$$\hat{Y}_{G(m)} = \sum_S y_{im} + (\sum_U x_i - \sum_S x_i) b_m \qquad (6-61)$$

其中，$b_m = (\sum_S c_k \pi_k^{-1} \mathbf{x}_k' \mathbf{x}_k)^{-1} \sum_S c_k \pi_k^{-1} \mathbf{x}_k' y_{km}$。我们在数据模拟中，仍然采用单变量的方法设定系数，构造多目标广义比估计量和广义最优估计量。

6.4　数　据　模　拟

为了验证估计量的精度，我们采用某省 2014 年农业调查的数据进行模拟抽样。我们现在有该省 2014 年 3366 个自然村的农作物及牲畜的有关数据，剔除其中没有收集到数据的自然村 59 个，最终有 3307 个自然村的完整数据，于是我们令抽样框的单元数 N = 3307。永久随机数法抽样技术首先要给抽样框的调查单元赋予永久随机数。我们产生 3307 个在 [0，1] 之间的随机数，每个自然村对应一个随机数，并且对应关系不再改变。

抽样调查的目标是对该省的谷物总产量进行估计。这里的操作只是为了验证估计的结果，实际上已经掌握了抽样框的整体情况，平均每个村的谷物产量为 1046140.32 千克，总体标准差为 707444.21 千克。假定我们要求抽样调查估计的误差不能超过实际值的 10%，置信区间的概率保证度为 95%。根据抽样调查的误差要求，我们采用无放回的简单随机抽样的样本量为确定公式

$$\tilde{n} = \frac{\left(u_\alpha \times \dfrac{C}{d}\right)^2}{1 + \dfrac{\left(u_\alpha \times \dfrac{C}{d}\right)^2}{N}} \qquad (6-62)$$

其中，$u_\alpha = 1.96$，C 为变异系数，d 为相对误差 10%，计算结果需要的样本量为 166.8 个自然村。为了保证抽样的估计精度，并考虑到抽样过程可能会产生缺失数据问题，我们将样本量人为扩大至 200 个村。

需要注意的是，在实际操作中，人们对抽样框中的调查单元的分布情况在调查之前并不了解，因此样本量不能采用调查变量的相关指标来确定。一般来说，可以采用相应的辅助信息来确定样本量，也可以采用

预调查的方法来确定。当前国家统计局采用"逼近法"确定样本量，也不失是一种很好的方法。

6.4.1　序贯简单随机抽样估计的结果

首先我们考虑序贯 srswor 抽样和估计过程。序贯 srswor 抽样是将抽样框的调查单元按照永久随机数排序，抽取随机数最小的 200 个村构成样本。为了验证各种估计方法的估精度，我们分别进行了简单估计、比估计和回归估计的测算。我们的调查目标量是该省的谷物总产量，很自然地想到可以采用耕地面积作为辅助指标。经过测算，耕地面积与谷物产量之间的相关系数达到 0.8359，而且耕地面积指标值非常容易得到，因此可以采用该指标作为辅助指标。对村的平均谷物产量的估计结果如表 6-1 所示。

表 6-1　　　　序贯 srswor 抽样谷物村平均产量的估计结果　　　　单位：千克

项目	实际总量	均值估计量	均值标准差	变异系数	估计下限	估计上限
简单估计量	1046140.32	1006999.58	48163.3590	0.0478	912599.3963	1101399.76
比估计量	1046140.32	1044954.82	23594.8005	0.0226	998709.0156	1091200.63
回归估计量	1046140.32	1046878.81	23507.4772	0.0225	1000804.151	1092953.46

资料来源：笔者根据历年统计局数据测算所得。

从表 6-1 不难看出，在该实证研究中，比估计量和回归估计量的样本均值标准差只相当于简单估计量的 50% 左右，因此能大幅度提高估计精度。在估计过程中，有样本计算的比率的估计值为 449.34，而由样本计算的回归系数的估计值是 472.12，二者之间的差别相对于调查指标值来说是非常小的，所以在该案例中比估计和回归估计的精度差别不大。由于在估计过程中，比估计的计算过程要比回归估计简单得多，因此在这种情况下，通常采用比估计量。

相对应的，对于该省共有 3366 个村子，则谷物的总产量估计结果如表 6-2 所示。

表 6 - 2　　　　　序贯 srswor 抽样谷物总产量的估计结果　　　单位：千克

项目	实际总产量	总量估计量	总量标准差	变异系数	估计下限	估计上限
简单估计量	3459586034	3389560586	162117866.5	0.0478	3071809568	3707311605
比估计量	3459586034	3517317939	79420098.33	0.0226	3361654547	3672981332
回归估计量	3459586034	3523794064	79126168.34	0.0225	3368706774	3678881354

资料来源：笔者根据历年统计局数据测算所得。

6.4.2　Poisson 抽样方法的实证研究

Poisson 抽样是抽取永久随机数小于入样概率的单元构成样本，因此首先要设计调查单元的入样概率。我们的调查目标量是该省谷物的总产量，Poisson 抽样能很好地实现与规模成比例不等概率抽样，而产量的规模可以用谷物播种面积来测量，因此我们采用谷物的播种面积作为规模变量计算各自然村的入样概率。

我们知道 Poisson 抽样有随机样本量的特征，有可能会出现空样本。在抽样框满足式（6 - 15）时，认为该抽样框可以实施 Poisson 抽样，亦即认为在该抽样框中不会出现空样本。经过测算

$$Pr(m = 0) = \prod_{i=1}^{N} (1 - np_i) = 2.76 \times 10^{-91}$$

$$e^{-n} = e^{-200} = 1.38 \times 10^{-87}$$

显然不等式 $Pr(m = 0) = \prod_{i=1}^{N} (1 - np_i) \leqslant e^{-n}$ 成立，因此在该抽样框中可以实施 Poisson 抽样。

在抽样框中实施目标样本量为 200 个村的 Poisson 抽样，即 n = 200，抽样的结果实现的样本量为 190，即 m = 190。

我们主要进行六个测算并对比估计的结果：一是 Poisson 抽样的常规估计量 $\hat{Y}_{HT}$；二是 Poisson 抽样的比估计量 $\hat{Y}_R$；三是序贯 Poisson 抽样的 HT 估计量 $\hat{Y}_{HTS}$；四是序贯 Poisson 抽样的比估计量 $\hat{Y}_{RS}$；五是广义线性回归估计量的广义比估计量 $\hat{Y}_{rat}$；六是广义线性回归的最优估计量 $\hat{Y}_{opt}$。我们首先给出关于上述六种估计方法的有关说明，抽样调查估计的结果如表 6 - 3 所示。

表6-3　　　　　　　　不等概率抽样的估计结果　　　　　　　单位：千克

项目	实际产量	总量估计量	样本标准差	变异系数	估计下限	估计上限
HT 估计量	3459586034	3306029923	234057758	0.0708	2847276717	3764783129
比估计量	3459586034	3477070437	50568341.7	0.0145	3377956487	3576184387
序贯 HT 估计量	3459586034	3465668644	239300148	0.0690	2996640353	3934696934
序贯比估计量	3459586034	3465668644	50246017.7	0.0145	3367186449	3564150838
广义比估计量	3459586034	3543281960	200802388	0.0567	3149709278	3936854641
广义最优估计量	3459586034	3562567133	100168983	0.0281	3366235926	3758898339

资料来源：笔者根据历年统计局数据测算所得。

1. Poisson 抽样的估计量

Poisson 抽样常规的无偏估计量为：

$$\hat{Y}_{HT} = \sum_{i \in s} \frac{y_i}{\pi_i} \tag{6-63}$$

其方差的无偏估计量为：

$$v(\hat{Y}_{HT}) = \sum_{i=1}^{n} (1 - \pi_i) \frac{y_i^2}{\pi_i^2} \tag{6-64}$$

Poisson 抽样的比估计量有两种形式：一种是在估计过程中没有进一步引入辅助变量的比估计量，这里构造比估计量的辅助变量仅仅是用于构造调查单元的入样概率的相对规模变量 p，我们称之为比估计量，记作 $\hat{Y}_R$。另一种比估计量是在估计过程中进一步引入辅助变量而构造的比估计量，是广义回归估计量的特殊形式，我们称之为广义比估计量，记作 $\hat{Y}_{rat}$。我们首先讨论比估计量 $\hat{Y}_R$。

如前所述，在本实证研究中，认为抽到空样本的概率为 0，于是 Poisson 抽样的比估计量可以写作：

$$\hat{Y}_R = \frac{1}{\tilde{m}} \sum_{i \in s} \frac{y_i}{p_i} \tag{6-65}$$

其中，$\tilde{m}$ 为实现的样本量。方差估计公式：

$$v(\hat{Y}_R) = \frac{n}{\tilde{m}} \sum_{i=1}^{n} (1 - \pi_i) \left(\frac{y_i}{\pi_i} - \frac{\hat{Y}_R}{n} \right)^2 \tag{6-66}$$

2. 序贯 Poisson 抽样的估计量

序贯 Poisson 抽样将 Poisson 抽样的样本量确定下来，实际上是 Poisson 抽样的变形，因此，序贯 Poisson 抽样通常采用 Poisson 抽样的估计方法。因此常规的 HT 估计量为：

$$\hat{Y}_{HTS} = \sum_{i \in s} \frac{y_i}{\pi_i} \qquad (6-67)$$

其方差的无偏估计量为：

$$v(\hat{Y}_{HTS}) = \sum_{i=1}^{n} (1-\pi_i) \frac{y_i^2}{\pi_i^2} \qquad (6-68)$$

比估计量为：

$$\hat{Y}_{RS} = \frac{1}{n} \sum_{i \in s} \frac{y_i}{p_i} \qquad (6-69)$$

方差估计公式：

$$v(\hat{Y}_{RS}) = \sum_{i=1}^{n} (1-\pi_i) \left(\frac{y_i}{\pi_i} - \frac{\hat{Y}_R}{n} \right)^2 \qquad (6-70)$$

需要注意的是，由于序贯 Poisson 抽样不再是严格的与规模成比例抽样，因此其估计量不再是无偏估计量。

3. 广义线性回归估计量 $\hat{Y}_{GREG}$

GREG 估计量可以简写成 $\hat{Y}_{GREG} = \sum_S w_i y_i$ 的形式，其中 w_i 是单元 i 的回归权数，

$$w_i = \frac{1}{\pi_i} + \left(\sum_U \mathbf{x}_k - \sum_S \frac{\mathbf{x}_k}{\pi_k} \right) \left(\sum_S \frac{c_k \mathbf{x}'_k \mathbf{x}_k}{\pi_k} \right)^{-1} \frac{c_i \mathbf{x}'_i}{\pi_i} \qquad (6-71)$$

很容易看出 w_i 满足校准方程 $\sum_S w_i \mathbf{x}_i = \sum_U \mathbf{x}_i$，因此 $\hat{Y}_{GREG}$ 是总量指标 Y 的校准估计量。

为了阐述方便，我们仅引入一个变量，村耕地面积，作为辅助指标。对于多个辅助变量的情形，原理与单辅助变量的估计原理是相同的，只是其中有较为复杂的计算过程而已。

我们通过系数 c_i 的取值，构造两种广义回归估计量。

（1）$c_i = \frac{1}{x_i}$。此时广义回归估计量 $\hat{Y}_{GREG}$ 简化成广义比估计量 $\hat{Y}_{rat}$，

147

$$\hat{Y}_{rat} = \left(\sum_U x_i \right) b_{rat} \tag{6 - 72}$$

其中 $b_{rat} = \dfrac{\sum_S \dfrac{y_i}{\pi_i}}{\sum_S \dfrac{x_i}{\pi_i}}$。

此时权数公式：

$$w_i = \frac{1}{\pi_i} \frac{\sum_U x_k}{\sum_S \dfrac{x_k}{\pi_k}} \tag{6 - 73}$$

（2）$c_i = \pi_i \dfrac{(1 - \pi_i)}{x_i}$，此时估计量是最优估计量（Rao，1994），有：

$$\hat{Y}_{opt} = \sum_S \frac{y_i}{\pi_i} + \left[\sum_U x_i - \sum_S \frac{x_i}{\pi_i} \right] b_{opt} \tag{6 - 74}$$

其中 $b_{opt} = \dfrac{\sum_S y_i (1 - \pi_i)}{\sum_S x_i (1 - \pi_i)}$，权数公式：

$$w_i = \frac{1}{\pi_i} + \left(\sum_U x_k - \sum_S \frac{x_k}{\pi_k} \right) \frac{1 - \pi_i}{\sum_S x_i (1 - \pi_i)} \tag{6 - 75}$$

广义线性回归的方差估计非常复杂，我们采用弃一组 Jackknife 方差估计方法对方差进行估计。我们将抽到的 Poisson 样本单元随机分成五组，即 $G = 5$，记作 S_1，…，S_G，每组有 38 个单元。在永久随机数法抽样技术中，随机分组是非常容易实现的，将抽到的 Poisson 抽样的样本单元按照永久随机数由小到大的顺序排列，第 1 ~ 38 个单元为第一组，第 39 ~ 76 个单元为第二组，以此类推。由于永久随机数的产生是完全随机的，因此如此操作能实现分组的随机性。每个 S_g 的补集称作 Jackknife 复制组，记作 $S_{(g)} = S - S_g$。为每个复制组计算复制权数。对于第 g 组，如果 $i \in S_g$，则 $w_{i(g)} = 0$，否则

$$w_{i(g)} = \frac{G}{G - 1} \cdot w_i + \left(\sum_U \mathbf{x}_k - \sum_{S_{(g)}} \frac{G}{G - 1} w_k \mathbf{x}_k \right) \left(\sum_{S_{(g)}} \frac{c_k \mathbf{x}_k' \mathbf{x}_k}{\pi_k} \right)^{-1} \cdot \frac{c_i \mathbf{x}_i'}{\pi_i}$$

$$\tag{6 - 76}$$

对于广义比估计量

$$w_{i(g)} = \frac{G}{G-1} \cdot w_i + \left(\sum_U x_k - \sum_{S_{(g)}} \frac{G}{G-1} w_k x_k \right) \left(\sum_{S_{(g)}} \frac{x_k}{\pi_k} \right)^{-1} \cdot \frac{1}{\pi_i}$$

$$(6-77)$$

对于最优估计量

$$w_{i(g)} = \frac{G}{G-1} \cdot w_i + \left(\sum_U x_k - \sum_{S_{(g)}} \frac{G}{G-1} w_i x_i \right)$$

$$\left(\sum_{S_{(g)}} x_i (1 - \pi_i) \right)^{-1} \cdot (1 - \pi_i) \qquad (6-78)$$

于是，$\hat{Y}_{GREG}$ 的弃一组方差估计量为：

$$v_J = \frac{G-1}{G} \sum^G \left(\sum_S w_{i(g)} y_i - \hat{Y}_{GREG} \right)^2 \qquad (6-79)$$

　　我们采用某省的数据进行测算，结果如表 6 - 3 所示，其中，序贯 HT 估计量是指序贯 Poisson 抽样的估计量，序贯比估计量是指序贯 Poisson 抽样的比估计量。

　　从表 6 - 3 不难看出，Poisson 抽样的 HT 估计量精度很差，而比估计量可以很大程度上提高估计精度。而且在测算的估计量中，比估计量的精度最高。序贯 Poisson 抽样的 HT 估计量比 Poisson 抽样的精度稍高是因为在本次抽样调查种 Poisson 抽样实现的样本量是 190 个自然村，而序贯 Poisson 抽样实现的样本村是 200 个，序贯 Poisson 抽样得到的样本信息多于 Poisson 抽样，因此精度稍高。相对于 HT 估计量，广义线性回归估计量能提高估计的精度，而且广义最优估计量的精度高于广义比估计量。这是因为广义最优估计量采用回归估计量的形式，而且 b_{opt} 的取值接近最优值 b^*。广义比估计量只是回归的一种特例，在大多数情况下，回归估计的精度会高于比估计。对比表 6 - 2 和表 6 - 3 不难看出，在本次模拟中，等概率抽样和不等概率抽样的估计精度相当，这是因为我们选用的规模指标是谷物的播种面积，在该省各自然村的谷物播种面积没有很悬殊的差异，从而导致二者的差别不大。

6.4.3　多目标调查的估计方法实证测算

　　多目标调查在一套样本中兼顾多个调查指标主要是通过入样概率的设定来实现的。在本部分的数据模拟中，我们的调查目标是该省的谷物、棉花和油料的总产量。由于这三者的分布情况差异很大，规定估计谷物的相对误差不得超过 10%、棉花不得超过 30%、油料不得超过 20%。计算得到的样本量分别是 167 个、194 个、175 个，考虑到无回答以及其他原因导致的无效数据的影响，我们采用统一的样本量 200 个。我们仍然以各种农作物的播种面积作为计算入样概率的规模指标。由于三个调查目标的样本量都是 200 个，于是我们取最终的样本量也为 200 个。为了估算的方便，仍采用村耕地面积作为辅助指标。

首先计算各自然村的入样概率。在 MPPS 抽样中采用"取大取小"的原则确定调查单元的入样概率。调查单元的入样概率之和为 337.8696，如果直接采用该入样概率参与抽样调查，则实现的样本量为 337 个，与期望样本量 200 个有较大的差异。因此我们考虑进一步对调查单元的入样概率进行调整，令 $\sum_{i=1}^{N} \pi_i \neq n$，取 $\pi'_i = \frac{n}{m}\pi_i$（其中，$\pi_i$ 根据 MBS 抽样中的"取大取小"的方法取得），此时，$\sum_{i=1}^{N} \pi'_i = \sum_{i=1}^{N} \frac{n}{m}\pi_i = \frac{n}{m}\sum_{i=1}^{N} \pi_i = \frac{n}{m}\tilde{m} = n$。我们采用调整之后的入样概率参与抽样调查，实现的样本量为 195 个自然村。

我们对三个调查目标的广义线性回归估计量的广义比估计量 $\hat{Y}_{rat(m)}$ 和广义线性回归的最优估计量 $\hat{Y}_{opt(m)}$ 进行测算并对比估计的结果。抽样调查估计的结果如表 6-4 所示。

表 6-4 多目标调查实证测算结果 单位：千克

类别	估计量	实际产量	总量估计量	样本标准差	变异系数	估计下限	估计上限
谷物	广义比估计量	3459586034	3473948995	94739463.1	0.0273	3288259647	3659638343
	广义最优估计量	3459586034	3562738879	200636459	0.0563	3169491420	3955986338
棉花	广义比估计量	37533164	37811724.5	10013614.5	0.2648	18185040.1	57438408.9
	广义最优估计量	37533164	39455290.5	11751036	0.2978	16423259.9	62487321
油料	广义比估计量	353125823	347317944	37805708.2	0.1089	273218756	421417132
	广义最优估计量	353125823	358362532	50184197.7	0.1400	260001504	456723559

资料来源：笔者根据历年统计局数据测算所得。

广义回归估计量可以简写成 $\hat{Y}_{Gm} = \sum_{S} w_{im}y_i$ 的形式，其中 w_i 是单

元 i 的回归权数,

$$w_i = \frac{1}{\pi_i} + \left(\sum_U \mathbf{x}_k - \sum_S \frac{\mathbf{x}_k}{\pi_k} \right) \left(\sum_S \frac{c_k \mathbf{x}_i' \mathbf{x}_i}{\pi_k} \right)^{-1} \frac{c_i \mathbf{x}_i'}{\pi_i} \quad (6-80)$$

很容易看出 w_i 满足校准方程 $\sum_S w_i \mathbf{x}_i = \sum_U \mathbf{x}_i$, 因此 $\hat{Y}_{Gm}$ 是总量指标 Y_m 的校准估计量。

多目标调查中,不同的调查变量可以有相同的辅助指标,也可以有不同的辅助指标。我们为了测算的方便,所有的调查指标值采用一个辅助变量,即村耕地面积。通过系数 c_i 的取值,构造两种广义回归估计量。

(1) $c_i = \frac{1}{x_i}$。广义回归估计量 $\hat{Y}_{Gm}$ 简化成广义比估计量 $\hat{Y}_{ratm}$,

$$\hat{Y}_{ratm} = \left(\sum_U x_i \right) b_{ratm} \quad (6-81)$$

其中 $b_{ratm} = \dfrac{\sum_S \frac{y_{im}}{\pi_i}}{\sum_S \frac{x_i}{\pi_i}}$。此时权数公式

$$w_i = \frac{1}{\pi_i} \frac{\sum_U x_k}{\sum_S \frac{x_k}{\pi_k}} \quad (6-82)$$

(2) $c_i = \pi_i \dfrac{1-\pi_i}{x_i}$。广义回归估计量 $\hat{Y}_{Gm}$ 是最优估计量,有:

$$\hat{Y}_{optm} = \sum_S \frac{y_{im}}{\pi_i} + \left[\sum_U x_i - \sum_S \frac{x_i}{\pi_i} \right] b_{optm} \quad (6-83)$$

其中 $b_{optm} = \dfrac{\sum_S y_{im}(1-\pi_i)}{\sum_S x_i(1-\pi_i)}$,权数公式

$$w_i = \frac{1}{\pi_i} + \left(\sum_U x_k - \sum_S \frac{x_k}{\pi_k} \right) \frac{1-\pi_i}{\sum_S x_i(1-\pi_i)} \quad (6-84)$$

我们采用弃一组 Jackknife 方差估计方法对方差进行估计。我们将抽到的 Poisson 样本单元随机分成五组,即 $G=5$,记作 S_1, $\cdots$, S_G,每组有 39 个单元,记 $S_{(g)} = S - S_g$,为每个复制组计算复制权数。对于第 g 组,如果 $i \in S_g$,则 $w_{i(g)} = 0$,否则

$$w_{i(g)} = \frac{G}{G-1} \cdot w_i + \left(\sum_U \mathbf{x}_k - \sum_S \frac{G}{G-1} w_k \mathbf{x}_k \right)$$

$$\left(\sum_{S_{(g)}} \frac{c_k \mathbf{x}'_k \mathbf{x}_k}{\pi_k} \right)^{-1} \cdot \frac{c_i \mathbf{x}'_i}{\pi_i} \tag{6-85}$$

对于广义比估计量

$$w_{i(g)} = \frac{G}{G-1} \cdot w_i + \left(\sum_U x_k - \sum_{S_{(g)}} \frac{G}{G-1} w_k x_k \right)$$

$$\left(\sum_{S_{(g)}} \frac{x_k}{\pi_k} \right)^{-1} \cdot \frac{1}{\pi_i} \tag{6-86}$$

对于最优估计量

$$w_{i(g)} = \frac{G}{G-1} \cdot w_i + \left(\sum_U x_k - \sum_{S_{(g)}} \frac{G}{G-1} w_i x_i \right)$$

$$\left[\sum_{S_{(g)}} x_i (1 - \pi_i) \right]^{-1} \cdot (1 - \pi_i) \tag{6-87}$$

于是，$\hat{Y}_{Gm}$ 的弃一组方差估计量为：

$$v_J = \frac{G-1}{G} \sum^G \left(\sum_S w_{i(g)} y_{im} - \hat{Y}_{Gm} \right)^2 \tag{6-88}$$

表 6-4 给出了谷物、棉花、油料的测算结果。从表中可以看出，我们采用改进后的多目标调查方法得到的估计量能够达到估计的要求。这里需要说明的是，由于数据的限制，我们只能找到村耕地面积这样一个指标作为辅助指标，而该指标与棉花和油料产量的相关程度很差，尤其是与棉花产量的相关系数仅有 0.5181，因此估计量提高的不明显。由此我们得到启示，在实际工作中，用于提高估计精度的辅助变量最好能与调查变量之间有较强的相关性，否则有可能得到的结果不令人满意。

第7章 结束语

永久随机数法抽样技术能方便地实现与规模成比例的不等概率抽样，并且有很好的样本兼容的性质，因此当前在国际上得到了广泛的应用。我国国家统计局的企业调查队和农业调查队也开始采用永久随机数法抽样技术。因此本书的研究具有重要的理论和实践意义。

7.1 本书的主要成果

本书对永久随机数法抽样技术的几个问题进行了相对深入的探讨，并试图采用永久随机数法抽样技术解决我国抽样调查领域长期以来悬而未决的若干问题，希望为这些问题的解决能打开新的思路。本书在永久随机数法抽样技术方面的研究成果表现在以下几个方面：

1. 在永久随机数法抽样技术的抽样方法方面的成果

（1）永久随机数法抽样技术的重新分类。本书在国内首次系统介绍了永久随机数法抽样技术主要的和常用的抽样方法，并按照样本量是否确定将这些抽样方法进行了重新分类和总结，这对于永久随机数法抽样技术其他问题的研究有重要意义。

（2）序贯 Poisson 抽样方面的成果。序贯 Poisson 抽样因为有固定的样本量而得到一些调查专家的推崇，但是序贯 Poisson 抽样的本身的特点导致了其在样本兼容实现中遇到了很多限制条件。因此笔者认为序贯 Poisson 抽样在连续性调查的应用有很大的局限性，因此序贯 Poisson 抽样主要适用于不需要进行样本轮换的一次性调查。

2. 多目标调查方面的成果

多目标调查问题是近年来在国内抽样调查领域受到普遍关注的问题，一直没有找到被普遍认可的解决方法。永久随机数法抽样技术能科学地解决这一难题。国家统计局企业调查队引入了与 MBS 抽样概率相结合的 Poisson 抽样技术——MPPS 抽样以解决多目标调查问题。本书在给出 MPPS 抽样的基本原理的基础上，对该抽样方法进行了探讨。

（1）调查单元入样概率的进一步调整。当调查单元的入样概率与其规模严格成比例时，抽样框中的所有调查单元的入样概率之和等于期望样本量。当前 MPPS 抽样的研究是采用 MBS 抽样的"取大取小"的原则确定调查单元的入样概率，这必然导致抽样框中所有调查单元的入样概率之和大于任何一个根据各变量计算的样本量，在抽样框中的调查单元的数量很大的情况下，会造成调查单元的入样概率之和与之前确定各变量的样本量之间有很大的差异。而且不加调整的入样概率在进入到估计阶段时，必然导致估计量的偏差。因此必须对调查单元的入样概率进行调整。笔者提出首先要进一步采用"逼近法"确定多目标调查的最终样本量，然后再采用期望样本量与抽样框中所有调查单元的入样概率之和的比值对入样概率进一步调整，通过在估计阶段的测算表明，该调整有很好的效果。

（2）引入序贯抽样技术和配置抽样的思想将样本量确定下来。MPPS 抽样是与 Poisson 抽样相结合的 MBS 抽样方法，因此具有 Poisson 抽样的随机样本量的特征。在抽样框中的调查单元数量比较少的情况下，Poisson 抽样的随机样本量的特征有可能会对抽样调查产生很大的影响。因此在一次性调查中，可以在 MPPS 抽样中引入序贯抽样的思想使样本量确定下来，以避免出现空样本，或者实现的样本量与期望样本量有较大的差异的情形，也可以引入配置抽样的思想降低样本量的变动情况。

（3）引入 PoMix 抽样技术缩小调查单元的入样概率的差异。MPPS 抽样中采用 MBS 抽样概率，通过将用于计算入样概率的辅助指标取 g 次幂（$0 \leqslant g \leqslant 1$）来缩小高度偏斜的总体中的调查单元的入样概率之间的差异。根据第 2 章的讨论我们知道 PoMix 抽样在高度偏斜总体中有效地缩小了调查单元之间的入样概率，因此笔者考虑将 PoMix 抽样的思想引入到 MPPS 抽样中，取得了很好的效果。

3. 多层次调查方面的成果

多层次调查问题也是近年来我国的抽样调查领域讨论比较多的问题，通常有两种解决思路：一种是自上而下，即采用样本追加的方法来实现分级管理问题；另一种思路是自下而上，即在下一级样本单元中抽取上一级样本，从而满足分级管理的信息需要。永久随机数法抽样技术实现多层次调查有别于以上两种思路，或者也可以看作是一种特殊的样本追加方法。永久随机数法抽样可以很好地实现样本兼容，只要各级采用相同的抽样方法，就能很好地实现多级样本的兼容。

（1）讨论了在同一抽样框中如何得到多个调查样本。永久随机数法抽样技术能有效地实现同步调查（在同一抽样框中同时抽取多个样本），这使永久随机数法抽样技术能有效地实现多层次调查的理论基础。当前虽然国际上很多文献都认为永久随机数法抽样技术能很好地实现样本兼容，但是具体如何实现，当前尚未发现具体讨论这方面的文献。本书针对永久随机数法抽样技术中的多种抽样方法的具体特征，系统地讨论了在同一抽样框中抽取多个样本的方法，并给出限制条件，为永久随机数法抽样技术能有效地实现多层次调查提供了理论准备。

（2）永久随机数法抽样技术在多层次调查中的实现。当前国内一些调查专家认为永久随机数法抽样技术能实现多层次调查，但是具体实现的程度尚没有人给出。本书在讨论永久随机数法抽样技术在同步调查中的实现的基础上，进行证明并得到结论，只要上级的样本量小于下级样本量，上级的样本单元将全部落在下级样本中。

4. 样本轮换方面的成果

关于样本轮换的讨论主要有两个分支，即子样本轮换和永久随机数法样本轮换。子样本轮换的主要弱点是在调查之前首先要划分子样本，那么在抽样框的变动较大的情况下，传统的子样本轮换不能很好地在样本中体现抽样框的更新。而永久随机数法抽样技术实现样本轮换时，不需要将调查单元划分为子样本，调查单元以个体的形式存在于抽样框中，因此轮换后的样本能很好地体现抽样框的更新。

（1）本书系统讨论了多种永久随机数法抽样技术的样本轮换方法。本书在讨论永久随机数法抽样技术的样本兼容性质的基础上，讨论了多种

155

永久随机数法抽样技术的样本轮换方法，并通过迭代给出了 Poisson 抽样等抽样方法的抽样区间的计算公式，从而使样本轮换工作更具可操作性。

（2）提出序贯 Poisson 抽样在样本轮换方面的局限性。本书在研究各种抽样方法的样本轮换时发现，序贯 Poisson 抽样虽然将 Poisson 抽样的样本量固定下来，但是序贯 Poisson 抽样在连续调查中实现样本轮换时有很多的局限性，并通过一个极端的例子证明，序贯 Poisson 抽样只能抽取排序变量最小的单元构成样本。因此得到结论，序贯 Poisson 抽样主要适用于一次性的调查。

5. 估计方法方面的成果

本书在永久随机数法抽样技术的估计方法方面的讨论分成两个部分：等概率抽样技术和不等概率抽样技术。

（1）等概率抽样方法中的估计方法。等概率抽样以序贯简单随机抽样为代表，序贯简单随机抽样是严格的简单随机抽样，其估计方法相对完备了。本书回顾了简单随机抽样的各种估计方法，并进行了测算，认为在序贯简单随机抽样中，回归估计量优于比估计量，比估计量优于简单估计量。但是在回归估计量的精度与比估计两相差不大时，建议采用比估计量。

（2）不等概率抽样的估计方法探讨。不等概率抽样技术以 Poisson 抽样和多目标调查的估计量为代表。而 Poisson 抽样的估计方法是当前国际上关于永久随机数法抽样技术的估计方法的研究重点。传统的 Poisson 抽样采用 Horvits – Thompson 估计量，但是往往导致估计的精度很低，这一点制约了 Poisson 抽样在实践中更为广泛的应用。本书在 Poisson 抽样中引入广义回归估计量和校准估计量，并采用弃一组 Jack-knife 方差估计方法计算复杂抽样设计的方差。本书在方法讨论的基础上，采用农业统计数据进行对 Poisson 抽样和多目标调查的估计量进行了实证测算，测算的结果认为，广义回归估计量能很好地提高估计精度，并且在估计过程中应寻找与调查变量有较高相关性的辅助指标，以进一步提高估计精度。

7.2　永久随机数法抽样技术的应用前景

永久随机数法抽样技术在国际上的应用由来已久，尤其是近年来在各国的农业、商业、能源、价格指数等方面都有着广泛的应用，并且有越来越多的调查专家研究该抽样技术，试图使该抽样技术的优势得到最大限度的发挥。我国的政府抽样调查也开始引入永久随机数法抽样技术。随着我国调查体系的不断完备，永久随机数法抽样技术将会深入我国更多领域的调查。具体说来，永久随机数法抽样技术的应用主要集中在两个方面：

1. 实现简单随机抽样和与规模成比例不等概率抽样

　　永久随机数法抽样技术在抽样进行之前，给每个调查单元赋予永久随机数，而随机数在 [0，1] 均匀分布，因此在 [0，1] 之间随机选择起点，按照等概率抽样方法就可以实现简单随机抽样。由于永久随机数的产生是完全随机的而且随着调查单元的产生而产生，随着调查单元的消亡而消亡，因此很容易实现抽样框的维护。相对于传统的简单随机抽样，永久随机数法抽样技术更能保证抽样的随机性和灵活性。

　　永久随机数抽样技术中的 Poisson 抽样是严格的与规模成比例不等概率抽样，由 Poisson 抽样衍生的抽样方法也能体现于规模成比例的思想，这就使与规模成比例的不等概率抽样更具可操作性。

157

2. 需要实现样本兼容的大型调查

　　大型的连续的抽样调查往往要求实现样本兼容。多目标调查、多层次调查、样本轮换都要求在调查过程中很好地实现样本兼容。也只有实现了样本兼容，才能在保证调查精度的条件下，大大缩减调查部门的工作量，节约调查成本，同时保证数据的衔接性。在我国政府统计中，数据资料的获取除了常规的报表以外，很多资料需要通过抽样调查得到。因此，永久随机数法抽样技术在大型调查中，尤其是在政府调查中有着广泛的应用市场。

　　永久随机数法抽样技术有很强的可操作性，因此如果能够针对不同的抽样及估计过程开发不同的调查软件，将大大促进永久随机数法抽样技术的应用和推广。

参 考 文 献

［1］冯士雍、施锡铨著：《抽样调查——理论、方法与实践》，上海科技出版社 1996 年版。

［2］方促进主编：《抽样调查与经济预测》，中国统计出版社 1996 年版。

［3］胡健颖、孙山泽主编：《抽样调查的理论方法和应用》，北京大学出版社 2000 年版。

［4］金勇进、蒋妍、李序颖编著：《抽样技术》，中国人民大学出版社 2000 年版。

［5］李金昌著：《抽样调查与推断》，中国统计出版社 1995 年版。

［6］卢宗辉著：《抽样方法的系统研究》，中国统计出版社 1998 年版。

［7］邱晓华主编：《工业企业抽样调查理论与实践》，中国统计出版社 2001 年版。

［8］全国统计教材编审委员会编：《抽样调查理论与实践》，中国统计出版社 1995 年版。

［9］施锡铨主编：《抽样调查的理论和方法》，上海财经大学出版社 1996 年版。

［10］孙山泽编著：《抽样调查》，北京大学出版社 2004 年版。

［11］王惠群、李韵华编著：《SAS 程序设计》，科学出版社 2002 年版。

［12］王国明、李学增、刘晓越、王文颖编译：《抽样原理及其应用》，中国统计出版社 1996 年版。

［13］汪嘉冈编：《SAS V8 基础教程》，中国统计出版社 2003 年版。

［14］鲜祖德主编：《农村统计制度方法改革研究》，中国统计出版社 2003 年版。

［15］肖红叶、周恒彤编著：《抽样调查设计原理》，经济科学出版

社 1997 年版。

［16］谢邦昌原著，张尧庭、董麓改编：《抽样调查的理论及其应用方法》，中国统计出版社 1998 年版。

［17］徐乐生：《农村住户调查的样本轮换》，载《统计研究》1990年第 6 期。

［18］俞纯权：《周期性抽样调查的最有样本轮换率》，载《统计研究》1995 年第 4 期。

［19］赵俊康著：《统计调查中的抽样设计理论与方法》，中国统计出版社 2002 年版。

［20］Aires，N. "Exact Inclusion Probabilities for Conditional Poisson Sampling and Pareto πps Sampling Designs"，*Studies in Applied Probability and Statistics*，Mathematical Statistics，Chalmers University of Technology，1998.

［21］Aires，N. (1999)，"Algorithms to find exact inclusion probabilities for Conditional Poisson Sampling and Pareto pps Sampling designs"，*Methodology and Computing in Applied Statistics*，No. 4，pp. 463 – 475.

［22］Aires，N. (1999)，"Algorithms to Find Exact Inclusion Probabilities for Conditional Poisson Sampling and Pareto πps Sampling Designs"，*Methodology and Computing in Applied Statistics*，No. 4，pp. 463 – 475.

［23］Aires N. (1999)，"Comparisons between Conditional Poisson Sampling and Pareto πps Sampling Designs"，*The 52nd ISI Session*，www. stat. fi/isi99/proceedings/arkisto/varasto/aire0069. pdf.

［24］Amrhein，John F.，Hicks，Susan D.，and Kott，Phillip S. (1996)，"An Application of a Two-phase Ratio Estimator and the Delete-a-group Jackknife"，*ASA Proceedings of the Section on Survey Research Methods*.

［25］Amrhein，John F.，Hicks，Susan D.，and Kott，Phillip S. (1996)，"Methods to Control Selection When Sampling from Multiple List Frames"，*ASA Proceedings of the Section on Survey Research Methods*.

［26］Amrhein，John F.，Fleming，Charles M. and Bailey，Jeffrey T. (1997)，"Determining the Probabilities of Selection in a Multivariate Probability Proportional to Size Sample Design"，in *New Directions in Surveys and*

Censuses: *Symposium* 97, Statistics Canada.

[27] Bailey Jeffery T. and Kott Phillip S. (1997), "An Application of Multiple List Frame Sampling for Multi-purpose Surveys", *Proceedings of the Section on Survey Research Methods of the American Statistical Association*, pp. 496 – 500.

[28] Bankier, M. D. (1986), "Estimators Based on Several Stratified Samples with Applications to Multiple Frame Surveys," *Journal of the American Statistical Association*, 81, pp. 1074 – 9.

[29] Bell, P. A. and Carolan A. (1998), "Trend estimation for small areas from a continuing survey with controlled sample overlap", in Working Papers in Econometrics and Applied Statistics, ABS, Cat. No. 1351. 0, no. 98/1, Canberra.

[30] Brewer, K. R. W. (1963), "Ratio Estimation and Finite Populations: Some Results Deductible from the Assumption of an Underlying Stochastic Process," *Australian Journal of Statistics*, 5, pp. 93 – 105.

[31] Brewer, K. R. W. , Early L. J. and Joyce S. F. (1972). Selecting several samples from a single population, *Austral. J. Statist*, 14, pp. 231 – 239.

[32] Brewer, K. R. W. and Hanif, M. , (1983), *Sampling with Unequal Probabilities*, New York: Springer – Verlag.

[33] Brewer, K. R. W. (1999), "Cosmetic Calibration with Unequal Probability Sampling," *Survey Methodology*.

[34] Brewer K. R. W, Gross and G. F. Lee (2000), "PRN Sampling: The Australian Experience", *ISI Proceedings: Invited Papers, IASS Topics*, Helsinki August 10 – 18, 1999, pp. 155 – 166.

[35] Bosecker, R. (1989), *Integrated Agricultural Surveys*, NASS Research Report Number SSB – 89 – 05, Washington, DC: National Agricultural Statistics Service.

[36] Butani, Shail, Robertson Kenneth W. and Mueller Kirk (2000), "Assigning Permanent Random Numbers to the Bureau of Labor Statistics Longitudinal (Universe) Data Base", *Proceedings of the Section Research Methods, American Statistical Association*.

[37] Chew, V. (1970), "Covariance matrix estimation in linear mod-

els", *Journal of the American Statistical Association*, 65, pp. 173 – 181.

[38] Chromy, J. (1987), "Design Optimization with Multiple Objectives", *Proceedings of the Survey Research Methods Section*, American Statistical Association, pp. 194 – 199

[39] Cochran, W. G. (1977), Sampling Techniques, Third edition, John Wiley & Sons. Inc. New York.

[40] Crankshaw Mark, Kujawa Laurie and Starnas George (2002), "Recent Experience in Survey Coordination and Sample Rotation within Monthly Business Establishment Surveys", *Joint Statistical Meeting – Section of Survey Research Methods*, pp. 1969 – 1974.

[41] Deville J – C. and Sarndal, C – E (1992), "Calibration Estimator in Survey Sampling", *Journal of the American Statistical*, Association, 87, pp. 373 – 382.

[42] Ernst. L. R. (1999), "The Maximization and Minimization of Sample Overlap Problems: A Half Century of Results. International Statistical Institute", *Proceedings*, *Invited Papers*, IASS Topics, pp. 168 – 182.

[43] Ghosh, D. and Vogt, A. (1998), "Rectification of sample size in Bernoulli and Poisson sampling", *Proceedings of the American Statistical Association*, Survey Research Methods Section.

[44] Ghosh Dhiren (1999), "A Fixed Sample Size Variant of Poisson Sampling", *The 52nd ISI Session*, www. stat. fi/isi99/proceedings/arkisto/varasto/ghos0377. pdf.

[45] Godambe, V. P. (1955), "A Unified Theory of Sampling from Finite Populations", *Journal of the Royal Statistical Society*, B17, pp. 269 – 278.

[46] Goodman R. and Kish, L. (1950), "Controlled Selection-a Technique in Probability Sampling", *Journal of American Statistical Association* 45, pp. 350 – 372.

[47] Hájek, J. (1964), "Asymptotic Theory of Rejective Sampling with Varying Probabilities from a Finite Population", *Annals of Mathematical Statistics*, 35, pp. 1491 – 1523.

[48] Hájek, J. (1981), *Sampling from Finite Population*. Marcel Decker.

［49］Holmberg, A. (2001), "On the Choice of Strategy in Unequal Probability Sampling", *Proceedings of the Section on Survey Research Methods*, Joint Statistical Meetings, Aug. 5 – 9, 2001 Atlanta, American Statistical Association.

［50］Isaki and Fuller, W. A. (1982), "Survey Design under the Regression Super-population Model", *Journal American Statistical Association*, 77, pp. 86 – 96.

［51］Keyfitz, N. (1951), "Sampling with Probabilities Proportional to Size: Adjustment for Changes in the Probabilities", *Journal of American Statistical Association* 46, pp. 105 – 109.

［52］Kott, Phillip S. (1990), "Estimating the Conditional Variance of a Design Consistent Regression estimator", *Journal of Statistical Planning and Inference*, 24, pp. 287 – 296.

［53］Kott, P. S. (1996), "Calibration Estimators Based on Several Separate Stratifications", *ASA Proceedings of the Section on Survey Research Methods*.

［54］Kott, P. S. (1997), "Using the Delete – a – Group Variance Estimator in NASS Surveys", *National Agricultural Statistics Service Research Report*.

［55］Kott P. S. (1998), "Using the Delete – a – Group Jackknife Variance Estimator in NASS Surveys", *RD Research Report No. RD – 98 – 01*, Washington DC: National Agricultural Statistics Service.

［56］Kott P. S and Fetter Matthew J. (1999), "Using Multi-phase Sampling to Limit Respondent Burden Across Agriculture Surveys", *Proceedings of the Survey Methods Section*, *Statistical Society of Canada*.

［57］Kott P. S. and Bailey Jeffrey T. (2000), "The Theory and Practice of Maximal Brewer Selection with Poisson Sampling", *International Conference on Establishment Surveys*, II, June 2000, Buffalo, New York, invited papers, pp. 269 – 278.

［58］Kott P. S. (2000), "Poisson Sampling, Regression Estimation, and the Delete – a – Group Jackknife", *Joint Statistical Meetings*, August 2000, Indianapolis, Indiana.

［59］Kott P. S. (2001), "The Delete – a – Group Jackknife", *Journal of Official Statistics*, 17, pp. 521 – 526.

［60］Kott P. S. (2004), "Randomization – Assisted Model – Based Survey Sampling", *Journal of Statistical Planning and Inference*.

［61］Kott P. S. (2004), "Delete – a – Group Variance Estimation for the General Regression Estimator Under Poisson Sampling", www. nass. usda. gov/research/reports/Poisppdag-for-web. pdf.

［62］Kroger Hannu, Sarndal Carl – Erik and Teikari Ismo (2003), "Poisson Mixture Sampling Combined with Order Sampling", *Journal of Official Statistics*, Vol. 19, No. 1 2003, pp. 59 – 70

［63］McLaren Craig H. and Steel David G. (1997), "The Effect of Different Rotation Patterns on the Sampling Variance of Seasonal and Trend Filters", *Proceedings of the Survey Research Methods Section*, ASA, 790 – 795.

［64］McKenzie Richard and Gross Bill, "Synchronized Sampling", www. oecd. org/dataoecd/60/61/30885175. pdf.

［65］Ohlsson Esbjorn (1990), "Sequential Sampling from a Business Register and its application to the Swedish Consumer Price Index", *R&D Report* 1990: 6 *Stockholm*, Statistics Sweden.

［66］Ohlsson, E. (1995), "Coordination of Samples Using Permanent Random Numbers", *Survey Methods for Business*, Farms and Institutions, edited by Brenda Cox, New York: Wiley.

［67］Ohlsson E. (1995), "Sequential Poisson Sampling", *Report No. 182*, *Institute of Actuarial Mathematics and Mathematical Statistics*, Stockholm University, Stockholm, Sweden.

［68］Ohlsson E (1998), "Sequential Poisson Sampling", *Journal Official Statistics*, Vol. 14, No. 2, pp. 149 – 163.

［69］Ohlsson E., "Coordination of PPS Sampling Over Time", www. oecd. org/dataoecd/60/17/30890618. pdf.

［70］Pennington Terry L., "Using SAS Software to Compute Variances for Poisson Samples".

［71］Rajaleid, K. (2002), "Variance Estimation under Pareto Sampling", *Master thesis* (*in Estonian*).

[72] Rosen, B. (1996), "Asymptotic Theory for Order Sampling", *R&D Report* 1995: 1, Statistics Sweden.

[73] Rosen, B. (1997), "On Sampling with Probability Proportional to Size", *Journal of Statistical Planning and Inference*, 62, pp. 159 – 191.

[74] Royall, R. M. (1970), "On Finite Population Sampling Under Certain Linear Regression Models," *Biometrika* 57, pp. 377 – 387.

[75] Saavedra, Pedro J. (1988), "Linking multiple stratifications: Two petroleum surveys", *Proceedings of the* 1988 *Joint Statistical Meetings*, American Statistical Association Survey Section, pp. 777 – 781.

[76] Saavedra P. J. (1995), "Fixed Sample Size PPS Approximations with a Permanent Random Number", *Proceedings of the Survey Research Methods Section*, ASA, 1995, pp. 697 – 700.

[77] Saavedra, P. J. and Weir, P. (1997), "The Use of a Variant of Poisson Sampling to Reduce Sample Size in a Multiple Product Price Survey", In *Proceedings of the Section on Survey Research Methods*, American Statistical Association, Anaheim, California, pp. 679 – 682.

[78] Saavedra Pedro J. and Weir, P (1998), "Implicit Stratification and Sample Rotation Using Permanent Random Numbers", *Proceedings of the Survey Research Methods Section*, American Statistical Association, Dallas, pp. 437 – 442.

[79] Saavedra P. J. (1996), Michael T. Errecart and William Robb, "Odds Ratio Sequential Poisson Sampling: A Fixed Sample Size PPS Approximation", www. amstat. org/sections/srms/Proceedings/papers/1996_138. pdf.

[80] Saavedra, P. J. and. Weir, P (1999), "Application of the Chromy Allocation Algorithm with Pareto Sampling", In *Proceedings of the Section on Survey Research Methods*, American Statistical Association, Baltimore pp. 355 – 358

[81] Saavedra Pedro J. and Weir Paula (2003), "The Use of Permanent Random Numbers in a Multi – Product Petroleum Sales Survey: Twenty Years of a Developing Design", www. fcsm. gov/03papers/Saavedra_Weir_final. pdf.

[82] Sarndal, C – E Swensson B. and Wretman J. (1989), "*The*

Weight Residual Technique for Estimating the Variance of General Regression Estimator of a Finite Population Total", Biometrika, 76, pp. 527 –537.

[83] Sarndal, C – E Swensson, B. and Wretman J. (1992), "Model Assisted Survey Sampling", New York: Springer.

[84] Sarndal (1996), "Efficient Estimators with Simple Variance in Unequal Probability Sampling", *Journal of the American Statistical Association*, 91, pp. 1289 – 1300.

[85] Sigman Richard S. and Monsour Nash J. (1995), "Selecting Samples from List Frames of Businesses", *Business Survey Methods*, pp. 133 – 152, Edited by Cox, Binder, Chinnappa, Christianson, Colledge, Kott, New York: Wiley.

[86] Sigman, R. "Multivariate Allocation for Stratum Sample Sizes and Poisson Sampling Probabilities", *Washington Statistical Society*, January 29, 1997.

[87] Singh A. C. and Mohl C. A. (1996), "Understanding Calibration Estimators in Survey Sampling", *Survey Methodology*, 222, pp. 107 – 105.

[88] Skinner, C. J. (1991), "On the Efficiency of Raking Ratio Estimation for Multiple Frame Surveys", *Journal of the American Statistical Association*, 86, pp. 779 –784.

[89] Skinner, C. J. , D. J. Holmes and D. Holt. (1994), "Multiple Frame Sampling for Multivariate Stratification", *International Statistical Review*, 62, 3, pp. 333 – 347.

[90] Srinath K. P. and Ronald M. Carpenter (1995), "Sampling Methods for Repeated Business Surveys", *Business Survey Methods*, Edited by Cox, Binder, Chinnappa, Christianson, Colledge, Kott.

[91] Steel David G. and McLaren1Craig H. (2000), "The Effect of Different Rotation Patterns on the Revisions of Trend Estimates", *Journal of Official Statistics*, Vol. 16, No. 1, pp. 61 –76.

[92] Strinath K. P. (1987), "Methodological Problems in Designing Continuous Business Surveys", *Journal of Official Statistics*, Vol. 3, No. 3, pp. 283 –288.

[93] Sweet, Elizabeth and Richard Sigman. (1995), "User Guide for

the Generalized SAS Univariate Stratification Program", *Economical Statistical Methods and Programming Division*, *Bureau of the Census*, *U. S. Department of Commerce*, Report number ESM −9504.

[94] Teikari Ismo, Evening out the response burden.

[95] Traat, I. , Bondesson, L. , Meister, K. (2000), " Distribution theory for sampling designs", *Research Report No.* 2. Department of Mathematical Statistics, Ume? University.

[96] Weir, P (1984) "The EIA −782B Sample Design and Estimation" . *Meeting of the ASA Committee on Energy Statistics*, Washington DC.

[97] Weir, P. (1997) "Data Needs − Petrolem Marketing − Sample 2000", *Meeting of the ASA Committee on Energy Statistics*, Washington DC.

[98] Wu, C. F. J. and Deng, L. Y. (1983), "Estimation of Variance of the Ratio Estimator: an Empricial Study." *Scientific Inference*, *Data Analysis and Robustness*, (Eds. G. E. P. Box, *et al.*) New York: Academic Press, pp. 245 −277.

[99] YouSung Park, KeeWhan Kim and Jai Won Choi, (1998), "Generlized Semi one-level Rotation Sampling", *Proceedings of the Survey Research Methods Section*, ASA, pp. 823 −828.

[100] Zayatz, L. and Sigman, R. (1995), "Chromy_Gen: General − Purpose Program for Multivariate Allocation of Stratified samples Using Chromy's Algorithm", *Economic Statistical Methods Report series ESM −9502*, June 1995, Bureau of the Census.

166

后　　记

　　永久随机数法抽样技术虽然由来已久，但是主要的研究成果主要集中在近30年。我国近年来引入了该抽样技术，通过试点取得了良好的效果。因此结合我国抽样调查领域的实际问题对永久随机数法抽样技术进行研究，在国内有重要的理论意义和实践意义。本人自攻读博士学位至今，一直关注并潜心研究永久随机数法抽样技术，发表了数篇关于永久随机数法抽样技术的学术论文。

　　感谢恩师金勇进教授的悉心关怀与指导，感谢国家统计局的诸位前辈对论文的指导和帮助。感谢山东财经大学和经济科学出版社的大力支持。

　　感谢我的父母，他们给予了我生命，为我提供了不断前进的动力；感谢我的爱人王卫锋先生，他长期以来为我提供了强大的物质和精神支持，是本书的忠实读者，并为本书提供了很多有益的意见和建议。感谢爱女王衍博同学，她给予了我不断的鼓励和支持。

栾文英

2019 年 9 月